新사임당
자녀교육

新사임당 자녀교육

지은이 | 양주영

펴낸곳 | 북포스

펴낸이 | 방현철

편집자 | 공순례

디자인 | 엔드디자인

1판 1쇄 찍은날 | 2017년 1월 23일

1판 1쇄 펴낸날 | 2017년 1월 30일

출판등록 | 2004년 02월 03일 제313-00026호

주소 | 서울시 영등포구 양평동5가 18 우림라이온스밸리 B동 512호

전화 | (02)337-9888

팩스 | (02)337-6665

전자우편 | bhcbang@hanmail.net

이 도서의 국립중앙도서관 출판시도서목록(CIP)은 e-CIP 홈페이지(http://www.nl.go.kr/ecip)와
국가자료공동목록시스템(http://www.nl.go.kr/kolisnet)에서 이용하실 수 있습니다.
(CIP제어번호: 2017000476)

ISBN 979-11-5815-002-0 03590

값 13,000원

- 자녀교육의 해답은 어 머 니 다 -

新사임당
자녀교육

| 양주영 지음 |

북포스

최고의 자녀교육은
어머니 자신의 삶이다

"자녀들에게는 하늘로부터 받은 선물 중 어머니보다 더 훌륭한 것
은 없다."

고대 그리스 3대 비극 작가 중 한 명인 에우리피데스의 말이다.

몇 달 전 전화 한 통을 받았다.

"선생님, 우리 호진이 이제 제가 돌볼 수 없을지 몰라요. 요즘 너무
힘들어해요. 공부도 안 하고, 아무것도 안 해요. 우리 호진이 마음만
이라도 좀 잡아주세요. 부탁드릴게요."

이 전화 한 통이 책을 쓰게 된 이유다. 마음이 아팠다. 무엇이 삶을
저리 힘들게 했는지… 고민해보고 연락을 한다고 했지만 그러지 못했
다. 차마 거절한다는 말을 전할 수 없었다.

호진은 가정환경이 좋지 않았다. 무엇보다 부모님 사이가 좋지 않았다. 넉넉지 못한 형편은 두 분 사이를 더 힘들게 했다.

"선생님, 저는 수학 교수가 될 거예요. 이렇게 어려운 수학 문제를 쉽게 푸는 방법을 연구해서 아이들이 쉽게 공부하도록 해줄 거예요."

호진은 마음도 예뻤다. 그 아이의 모습이 자꾸 목에 걸린다. 부모의 힘든 인생살이는 아이의 삶에, 무엇보다 교육에 치명적인 영향을 끼친다. 작은 학원을 운영하면서 가장 크게 깨달은 게 바로 그것이다. 불공평하고 인정하기 싫은 일이다. 왜 어른들의 실수를, 어른들의 무지를, 작은 아이들의 어깨로 감당해야 하는가? 어느 곳에 살든, 어떤 형편에 있든, 교육의 양과 질 그리고 기회는 똑같이 주어져야 한다. 꼭 그래야 한다. 하지만 그렇지 못한 경우를 더 많이 봤다.

운영했던 학원엔 다양한 아이들이 있었다. 안타까운 아이들도 많았다. 아이들을 바꿔보고자 수업 이외에 책을 선물하고 고전 필사를 시켰다. 긍정의 메시지도 심어줬다. 나름의 방법으로 노력하고 여러 시도를 했다. 하지만 아이들은 그리 쉽게 바뀌지 않는다. 아니, 바뀌는 건 쉽다. 하지만 그것이 오래 가리라는 보장이 없다. 그것이 나를 좌절시켰다. 왜일까?

이유는 바로 어머니다. 한 가정을 세우는 것은 그 집안의 어머니다. 외부의 요인들이 아이를 잠시 바꿀 수는 있지만, 아이의 진정한 변화를 이끄는 것은 가정의 몫이다. 그래서 어머니가 변해야 한다. 아이를 위해 가장 값진 눈물을 흘릴 수 있는 단 한 사람 또한 어머니다.

이 책은 현대를 살아가는 힘겨운 어머니를 위한 책이다. 교육에 관한 정보의 홍수 속에서 흔들리는 어머니를 위한 책이다.

나의 고민 끝에서 나를 향해 웃어준 이가 바로 신사임당이었다. 신사임당을 보며 '그래, 이 모습이면 된다!'고 생각했다. 우리는 신사임당을 보아야 한다. 아이가 바뀌기 위해선 엄마가 먼저 신사임당의 모습으로 바뀌어야 한다. 엄마는 아이의 운명이기 때문이다.

이 책은 자녀교육 문제로 고민하는 당신에게 기적 같은 네 가지 선물을 줄 것이다.

첫째, 최고의 어머니로 거듭날 방법을 제시한다.

둘째, 자녀교육에서 흔들리지 않는 소신을 갖게 해준다.

셋째, 돈을 들이지 않고도 훌륭한 자녀교육을 할 방법을 알려준다.

넷째, 자녀에게 '당신은 내게 최고의 어머니였다'는 칭송을 듣게 해준다.

한국보건사회연구원이 발표한 연구 결과가 있다. 19살에서 65살 사이의 경제활동 참여자를 청년층과 중장년층, 고령층 등 세 계층으로 나눈 뒤 부모의 경제력이 자녀교육에 미치는 영향을 조사했다. 부모의 경제력이 낮은 집단에서 최상위 학업 성적을 보인 자녀의 비율은 고령층 29.5%, 중장년층 49.1%, 청년층 12.6%로 청년층에서 크게 감소했다. 젊은 세대로 갈수록 자녀교육이 부모의 경제적 능력에 큰 영향을 받았다. 이 추세로 본다면, 더 아래 세대로 갈수록 부모의 경제력이 자녀교육에 더 큰 영향을 미치리라는 의견이 첨부됐다.

　나는 이 연구에 반론을 제기한다. 자녀교육은 절대 부모의 경제력에 좌우되는 것이 아니다. 자녀교육은 바로 어머니에 의해 좌우된다. 자녀교육의 해답은 어머니에게 있다. 최선의 자녀교육은 어머니 자신, 어머니 자신의 삶이다.

1장

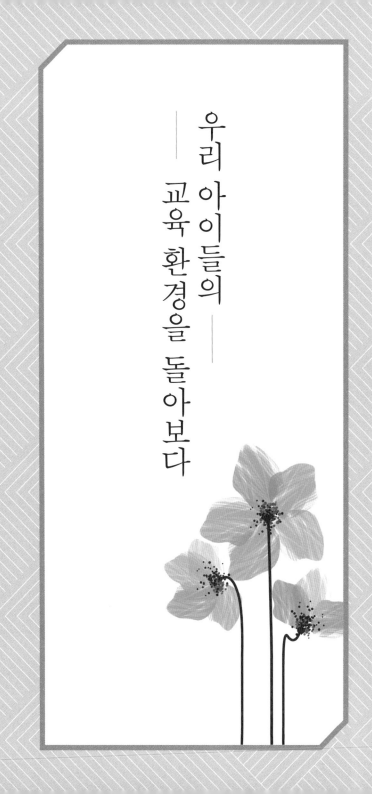

우리 아이들의 ──
교육 환경을 돌아보다

공교육이
아이를 틀에 가둔다

Mnet 〈슈퍼스타K〉. 인기 가수의 등용문이라 할 만한 오디션 프로 그램이다. 시즌 6, 이제 마지막 발표만을 남겨두고 있다. 수상자는 진짜 가수가 된다. 많은 상금이 준비돼 있다. 마침내 수상자가 발표됐다.

"국내를 대표할 싱어송라이터 후보 0순위다. 자신의 곡을 창작할 능력을 갖추고 있다. 표현 능력도 엄청나다."

한 심사위원의 심사평이다.

오디션의 주인공은 바로 싱어송라이터 곽진언이었다. 상금 2억 원을 기부한 것이 뒤늦게 알려져 관심을 받기도 했다. 그는 자신만의 이야기로 진심으로 노래를 불러내는 진짜 가수다.

"…사랑하고 사랑받았던 그 시절은 지나갔지만 아마도 후회라는 건

12

아름다운 미련이어라."

　듣는 동안 가슴 먹먹했던 노래다. 가슴 뭉클한 이 가사는 그의 어머니의 시다. 아들만이 아니라 어머니까지 예사롭지 않다. 사실 이들에겐 특별한 교육법이 있었다.

　곽진언의 어머니에겐 세 아들이 있다. 그녀는 아이들을 학교에 보내지 않았다. 교육 철학에 동의하기 어려웠다. 아이들은 예체능에 재능을 보였는데, 학교는 아이들의 재능을 살려줄 수 없었다. 그녀는 세 아이 모두에게 홈스쿨링을 제안했다.

　첫째 아이는 중국에서 상하이 중의대에 재학 중이다.

　둘째 아이는 바로 싱어송라이터 곽진언이다.

　셋째 아이는 힙합 댄서로 활동 중이다.

　셋째 아이는 학습발달장애를 가지고 있었는데, 이것은 그녀에게 문제가 되지 않았다. 자신의 아이들을 비교할 필요가 없었다. 비교할 수도 없었다. 홈스쿨링엔 등수가 없다. 낙인찍을 필요가 없다. 그저 아이를 인정하고 그 자체로 존중해주었을 뿐이다.

　아이들은 학교에 가지 않았기에 시간이 많았다. 분야를 가리지 않고 관심 있는 것들을 찾았다. 그리고 탐색할 수 있었다. 좋아하는 것에 몰입했고 재능을 키웠다. 아이들 모두가 똑같은 모습이 아니었다. 똑같이 자라기를 바라지도 않았다. 각자 재능을 찾아 다르게 자라났다.

아이들은 학교나 학원이 아닌 엄마 품에서, 가정에서 그렇게 자라 났다.

같은 환경 안에서 모두가 제각기 재능을 드러낸 이유는 뭘까?

그것은 바로 공교육 시스템을 피해 간 결과다. 아이를 정확히 바라 본 엄마의 선택이었다. 아이들은 획일화된 주입식 교육을 받지 않았 다. 그래서인지 세 아이는 서로 같지 않다. 저마다의 색깔을 내며 자 라났다. 이것이 비결 아닐까?

부모님과 함께한 유학길이다.

한 소년이 한국으로는 돌아가지 않겠다고 한다. 엄마에게 울며 매 달리고 있다. 지금까지 한국에서 학교에 다니며 괴로웠던 시간들을 털어놓는다. 그는 시골에서 도시로 전학 왔다. 선생님의 관심을 받고 싶었다. 그는 늘 질문했다. 이런 모습이 아이들 눈에 곱게 비치지 않았 다. 아이들은 소년을 따돌렸다. 그는 학교에 가는 것이 괴롭기만 했다. 한국으로 돌아간다면, 또다시 외롭고 힘들게 공부해야 한다.

어머니는 선택했다. 늘 그랬듯 아이의 뜻을 존중했다. 어머니의 선 택은 옳았다. 그는 유학 시절 동안 고전을 원어로 읽어냈다. 어머니의 서가에 꽂혀 있던 책들이다. 진짜 공부하는 방법을 터득했다. 그는 바 로 7개국어가 가능하며 25권의 책을 낸 작가 조승연이다.

그에게 한국의 교육은 맞지 않았다. 그는 호기심이 많았고, 그랬기

: 新사임당 자녀교육 :

에 질문도 많았다. 그의 어머니는 학원이 아닌 가정에서 최적의 교육 환경을 제공했다. 반면 서울에서의 학교생활은 괴로움 자체였다. 질문할 수 없었다. 그의 행동은 아이들 눈 밖에 났고, 결국엔 그를 제약했다. 어머니께 이끌려 떠난 미국 유학은 그에게 운명이었는지 모른다. 운이 좋게도 한국의 공교육을 피해 갈 수 있었다.

20세기 초반의 프랑스 대문호 앙드레 지드. 그 역시 학교생활을 힘들어했다.

"어리석게도 시 낭송을 잘해서 반 친구들이 내게 적대감을 품게 했다. 그때까지 내 곁에 있던 아이조차 등을 돌렸다. 아이들은 내가 나약하다는 걸 알고는 점점 더 거칠어졌다…."

시 낭송을 잘하는 일은 어리석은 일이었다. 친구들의 따돌림을 자초했으니 말이다.

이후 지드는 코피를 흘리거나 이가 흔들리거나 옷이 찢긴 모습으로 집에 들어오기도 했다. 지드는 점점 학교에 적응하지 못했다. 발작 연기를 보이면서까지 학교에 가지 않았다. 그의 꾀병은 계속되었다. 학교는 그에게 쉽지 않은 곳이었다. 결국 그는 학교를 그만두었다. 수업은 가정에서 이루어졌다.

그가 처음 발표한 작품은 《앙드레 왈테르의 수기》였다. 놀라운 사실은 이 작품이 지드가 발작 연기를 하던 중등 시절부터 쓰인 작품이란 것이다.

게르하르트 프라우제의 《천재들의 학창시절》에 따르면 공교육에 적응하지 못했던 많은 천재의 일화가 등장한다. 앙드레 지드 역시 공교육이 불편했던 천재 중 하나다. 이들의 천재성은 공교육 안에 묻힐 수가 없었다. 또 하나의 공통점은 이들의 어머니는 자식들이 공교육에 적응하지 못하는 것을 걱정하지 않았다는 것이다.

어려서 천재적인 능력을 보이는 아이들이 종종 있다. 이 아이들을 추적하여 어른이 돼서 어떻게 살고 있나를 보면 너무도 평범한 인생을 사는 경우가 많다. 재능을 싹틔워 두각을 드러내야 하는데 말이다. 나는 이 이유를 자판기처럼 획일화된 공교육 시스템에서 찾았다. 이 교육을 받을수록 바보가 되고 만다.

이유가 뭘까?

공교육 시스템 때문에 천재적 능력이 필터링되는 건 아닐까? 억눌리는 것은 아닐까? 모두 함께 학교를 그만두자는 말이 아니다. 다만 학교 교육에 전적으로 의지해선 절대 안 된다는 것이다. 이 책을 통해 대안을 찾고자 한다.

수업을 알리는 벨이 울리고 선생님이 들어오신다. 적막강산이 된다. 3분의 1의 학생은 잠을 자기 시작한다. 쿠션과 베개를 집에서 들고 와 자기로 작정을 한 모습이다. 나머지 3분의 1은 스마트폰으로 문자를 주고받는다. 선생님은 천장만 보고 수업을 한다. 누가 한국 교육을 본받아야 한다고 했는가?

_ "평등·획일화 벗어난 '교육 독립'으로 희망 찾자", 미디어펜(2016.01.23)

1년간 한국 교육을 체험한 외국 학생이 표현한 교실의 모습이다. 오바마의 몇 마디 발언으로 한국 교육이 세계의 관심을 받았다. 한국의 교육열과 열성적 어머니의 모습이 그것이다. 하지만 학교의 실제 모습은 외국 학생이 본 그대로다.

세대가 갈수록 아이들은 생각하기 싫어하고 배움을 거부한다. 그렇다고 모든 아이가 그런 것은 아니다. 오히려 유대인 교육과 핀란드 교육에서는 같은 세대의 아이들이 제대로 가고 있다. 이것은 세대의 문제가 아니다. 이것은 교육의 문제이고 방법의 문제다.

"한국에서 가장 이해하기 힘든 것은 교육이 정반대로 가고 있다는 것이다. 한국 학생들은 하루 10시간 이상을 학교와 학원에서 자신들이 살아갈 미래에 필요하지 않은 지식을 배우기 위해, 그리고 존재하지도 않는 직업을 위해 허비하고 있다. 더 나쁜 것은 교육기관이 국가 발전의 가장 큰 장애 요인인 평등화·획일화 교육을 하고 있다는 사실이다."

1997년 한국을 방문한 앨빈 토플러의 말이다. 공교육이 평등화·획일화 교육을 한다는 것은 익히 알려진 사실이다. 하지만 교육은 트렌드를 타고 해마다 바뀌지 않는가? 그런데도 사실상 속을 들여다보면 새로운 교육정책마저도 본질은 똑같다는 이야기다.

이 몹쓸 교육은 조선 후기부터 시작됐다. 당시 진짜 인문학을 하며 바른 소리를 낸 선비들이 유배당한다. 정치가 부패한다. 1910년의 조선, 기다렸다는 듯 일본이 조선 총독부를 설치한다. 그들은 무단통치를 시작하고 조선 교육령을 반포한다.

그들이 조선 교육령을 통해 거둔 최대 성과는 세 가지다.

첫째, 성균관 철폐다.

둘째, 서당 철폐다.

셋째, 미국식 공립교육의 시행, 즉 보통학교 설립이다.

성균관과 서당은 당시 조선의 인문학자 양성소였다. 미국의 공립교육은 미국 사회에 존재하는 소외 계층을 차별 교육할 목적으로 지어졌다. 공립교육은 생각하지 못하는 사람을 만든다. 바로 우민화 교육이다. 일본이 우리에게 저지른 가장 큰 만행은 이 세 가지라고 할 수 있다. 한 나라의 교육은 그 나라의 미래를 대변하기 때문이다.

우리는 미래를 잃어갔다. 일제는 강점기 때 모든 인문학 교육을 말살시켰다. 그 자리에 식민 교육을 심어놓았다. 일본은 조선에 학교를 설립했지만 이곳은 인문학을 완전히 배제한 미국식 공립교육, 즉 보통

학교였다.

일본은 자국 내에서는 국가적 독서문화 사업을 시작한다. 지방 곳곳까지 어디서든 책 읽을 환경을 만들었다. 책의 수준도 높였다. 일본의 고등학교는 인문고전 교육 그 자체였다. 원전을 읽기 위해 라틴어는 기본으로 익히게 했다. 모든 수업은 고전으로 채워졌다.

이들은 독서문화 사업을 통해 자신들의 나라를 강대국으로 만들었다. 그리고 조선에서는 인문고전 교육을 금지했다. 조선의 보통학교 교육은 기술자를 양성하는 교육이었다.

> "그들의 우민화 교육은 성공했다. 초중고교와 대학 어디라도 좋다. 학교 현장에 가보라. 인류의 문명을 진보시키고 역사를 바꾼 원동력인 인문학적 대화와 치열한 사색, 위대한 깨달음은 찾을 수 없다. (…) 죽은 지식의 강제적 주입, 맹목적 암기, 기계적 문제풀이, 친구와의 무의미한 무한경쟁만 자리하고 있을 뿐이다. 그렇게 우리 아이들은 학교에서 영혼이 병들고 마음이 파괴된다. 그리고 불행하고 나약하고 소극적인 20대가 되어 사회로 나온다."
>
> _《생각하는 인문학》, 이지성, 차이

이 책을 읽으며 수없이 고개를 끄덕였다. 탄식이 새어나왔다. 마음이 아팠다. 조금은 특별하다고 생각했던 나라는 존재가 어긋난 사회

시스템의 쳇바퀴 안에서 돌아가고 있었다. 내 인생 가운데 수많았던 나의 선택과 결정이 진짜 내 것이었다고 할 수 있을까?

물음이 꼬리를 물고 이어졌다. 서글펐다. 나는 모든 교육과정을 마쳤고, 이제는 내 아이의 교육을 책임져야 하는 엄마가 됐다. 이 책은 그런 내 삶에도 희망을 주었다.

혹시 당신의 아이가 학교생활을 힘들어하고 공부를 싫어한다고 하더라도 실망하지 말길 바란다. 오히려 시스템이 잘못됐음을 알고 아이 스스로 제대로 반응하고 있는 건지 모른다. 그래서 더 희망적인 것이다. 당신의 아이에겐 희망이 있다. 나아가, 당신에게도 말이다.

사교육이
아이를 괴롭힌다

상담 중이던 어머니의 눈시울이 붉어졌다.

유민은 며칠 전 다니던 종합학원에서 쫓겨났다. 유민은 자존감이 높은 아이다. 자신이 이해하지 못하는 상황에 대해서는 질문했다. 불합리한 상황은 그냥 수용하지 않았다. 더군다나 이 아이는 이제 사춘기가 시작되었다. 많은 아이가 함께하는 주입식 수업에서 유민의 태도는 눈엣가시였다. 그래서 몇 번의 경고가 주어졌지만, 유민은 끝내 뜻을 굽히지 않았다. 늘 같은 태도를 보이자 학원에서 나가달라고 한 것이다.

딸아이가 이런 대접을 받고 쫓겨나자 어머니 마음도 좋을 리 없었다. 안타까운 상황이었다. 그냥 보아도 똑똑한 아이였다. 악의 없이 한 행동과 말을 선생님이 다른 아이들에게 본보기로 하기 위해 나무라고 타박했을 모습이 그려졌다. 여러 생각이 들었다. 그렇다고 선생님을 탓할 수도 없는 문제다.

책을 많이 읽고 생각이 많은 아이는 주관이 뚜렷하다. 이런 아이들의 생각과 의견을 받아주기에 사교육은 여유가 없다. 아이는 이런 시스템에 자신을 맞추느라 애를 먹는다. 아예 그것을 포기하고 홈스쿨링으로 돌아서는 경우까지 보게 된다. 그렇다고 낙오자가 되거나 뒤처지는 것이 아닌데 주변에선 다른 눈으로 바라볼 때가 많다. 실제로 공교육을 포기하고 부모님과 홈스쿨링을 한 사례 중 흉내 낼 수 없는 인재들이 출현하는 경우들을 본다. 아이가 아니라 교육 시스템이 문제일 수 있다는 말이다.

유민을 보고 그런 생각이 들었다.

'얘도 애쓰고 있구나!'

자신을 시스템 안에 끼워 맞추려고 말이다.

유민은 사춘기였다. 공부에 흥미가 없었다. 여러모로 걱정이 됐다. 아이는 그저 하는 둥 마는 둥 하며 시험 기간을 보낸다. 걱정돼 성적을 물었더니 성적에는 별 차이가 없었다.

궁금했다. 이런저런 것들을 물었다.

어렸을 때부터 유민은 전업주부였던 엄마와 함께 책 읽기를 즐겼다.

중학생이 된 지금도 책 읽는 것을 좋아했다. 초등학교 시절에도 영어 학원을 제외하곤 학원에 다닌 적이 없다. 엄마와 시험대비 문제집을 한 권씩 푸는 게 전부였다.

초등학교 성적은 늘 최고였다. 어린 시절 엄마가 만들어준 독서 습관과 다양한 분야에 대한 관심이 이 아이의 공부에서 토대가 되었다. 사춘기가 되어 조금 빈둥거린다 한들 반석에 지은 집이 무너질 리 없었다.

학원이 아이들의 성적에 영향을 끼치기는 쉽지 않다. 공부하는 습관을 잡아주고 억지로 앉혀놓을 수는 있다. 하지만 그것은 집에서도 할 수 있는 일이다. 학원에 다녀 성적이 좋아졌다고 하자. 하지만 그것이 아이의 인생을 책임져줄 수는 없다. 일류 대학, 일류 직장에 들어간다고 인생이 편할까? 대기업에 입사한 이들 중 30%가 1년 안에 퇴사한다. 이것이 일류 대학을 졸업한 이들이 선택하는 일류 직장의 현실이다.

아이들을 크게 두 부류로 나눠봤다. 어린 시절 독서가 몸에 밴 아이와 그렇지 않은 아이다. 책 읽는 것을 즐거움으로 알고 자란 아이들은 공부하는 게 어렵지 않다. 글 이해력도, 말 이해력도 모두 좋다. 가르쳐주는 대로 잘 따라온다. 혹시 잠깐의 사춘기를 거치더라도 큰 걱정이 안 된다. 공부 조금 안 해서 성적이 떨어졌다고 나락으로 떨어지는 건 아니다.

반대로, 문제가 되는 건 독서가 습관으로 자리 잡지 않은 아이들이다. 이 아이들은 공부하겠다고 마음을 잡고 열심히 하기도 한다. 성적이 꽤 오르는 경우도 있다. 그렇다고 다음 시험에 긴장을 놓았다가는 제자리로 돌아오기가 쉽다. 늘 긴장하며 자기관리를 하지 않으면 성적이 들쭉날쭉한다. 공부하는 데 시간이 많이 필요하기 때문이다. 어머니의 관심이 또 다른 영향을 끼치지만, 어린 시절의 책 읽는 습관은 아이들의 공부 시간을 크게 좌우한다.

사교육은 공교육을 보조하는 교육에 불과하다. 진짜 생각하는 공부를 시키기보다 좋은 성적을 위한 전략을 세워준다. 사교육은 꽉 막힌 공간에서 제한된 상황하에 진행된다. 아이들은 이런 곳에서 공부하고 학습하기가 힘들다. 어른도 그런데 아이들은 오죽할까.

아이를 낳고 나니 교육 문제에 늘 신경이 쓰인다. 그중 영어는 어려서 꼭 해주어야겠다고 생각했다. 내가 힘들었으니 말이다. 조기 영어교육에 성공한 사례들을 보았다. 하나같이 어려서부터 양질의 영어 '흘려듣기'를 제공했다. 아이가 생활하는 공간에서 영어를 계속 흘려들을 수 있도록 했다. 이렇게 자란 아이들이 발음도 좋다. 그리고 사교육 없이 가정에서도 진행할 수 있어 성공률이 높다.

생각해보니 영어만이 아니었다. 제대로 된 사교육은 진짜 '흘려듣기'인 것 같다. 공부는 꽉 막힌 공간에 앉아 한두 시간 집중적으로 한다고 되는 게 아니다. 삶 속에서 배워야 할 것들을 지속적으로 흘려듣기 하는 게 진짜 학습이다.

밥을 먹을 때, 일을 볼 때, 책을 읽을 때, 놀 때 어느 때든지 훌륭한 음악, 양질의 책, 다른 언어, 경험 등을 흘려주는 것이다. 콩나물시루에 물 주듯이 말이다. 한 번에 그 물을 다 마실 수는 없을 것이다. 하지만 조금씩, 조금씩 그렇게 자라난다. 아이들도 마찬가지다. 한두 시간 학원에 앉아 있다고 그 물을 다 마실 순 없다. 집에서 놀면서, 경험하면서, 실수하면서 엄마가 준비한 것들을 조금씩 적셔가며 받아 마실 때 학습이 이루어진다.

경남 합천의 한 홈스쿨링 가정이다. 둘째 아이는 진짜 훌륭한 선생님을 찾아냈다. 바로 동네 빵집의 제빵사였다.

아이는 빵에 관심이 많았다. 처음엔 허락된 프라이팬과 밥솥을 들고 빵을 만들었다. 만들고 맛을 보며 즐거워했다. 혼자서 하는 베이킹에 자신이 붙었다. 그러고는 급기야 소문난 동네 빵집을 찾아간 것이다. 맛을 보여주며 부족한 것을 배웠다. 아이는 주어진 상황 안에서 스승을 찾고 성장했다.

그 아이가 엄마에게 말했다.

"엄마, 진짜 훌륭한 선생님은 돈을 안 받아. 모두 공짜예요."

아이의 저 한마디는 내 마음을 온통 흔들었다. 아이는 자신의 분야에서 늘 연구하고 고민하며 자신만의 노하우를 터득하고, 그것으로 살아가는 진짜 선생님을 만난 것이다. 그 진짜 배움 가운데서 돈은 필요하지 않았다. 두 사람의 관계는 빵을 좋아한다는 하나의 이유만으로 아무 조건 없이 시작된 것이다.

진짜 사교육은 가정에서, 동네에서 이루어진다. 이 아이는 학원에 가서 공부하지 않는다. 삶 속에서 그것을 즐기며 실험하고 연구한다. 그러는 동안 스스로 발전한다. 또한 원한다면 스승을 찾아간다. 이게 진짜 배움이 아닐까 싶다. 지금은 동네 빵집이지만 아이가 더 크면 동네를 벗어날 것이다. 더 큰 스승을 찾을 것이다. 프랑스의 유명한 제빵사를 찾아갈 수도 있다. 아이는 지금 그 힘을 키우고 있다.

아이의 어머니는 모든 것을 아이 앞에 준비시켜 억지로 떠먹이지 않았다. 그보다는 아이 스스로 찾아 할 수 있게끔 시간을 허락해주었다. 주어진 상황 안에서 자신을 발견할 수 있도록 해주었다. 이 가정은 유튜브에서 〈프로젝트 위기〉라는 프로그램으로 소개되었다.

진정한 사교육은 아이의 재능을 끌어내는 교육이다. 그것은 절대 학원에서 이루어지지 않는다. 제한된 공간, 제한된 시간 속에서는 압력만 커질 뿐이다. 학원은 아이들이 거쳐야 하는 필수 코스가 아니다. 시간을 때우기 위해 학원 스케줄을 짜 넣는 것도 생각할 문제다. 아이들에게는 많은 시간과 다양한 환경 그리고 각자의 특성에 맞는 교육

: 新사임당 자녀교육 :

이 필요하다.

　이것은 특별한 무언가를 필요로 하는 게 아니다. 시간에 쫓기지 않는 아이, 원하는 것을 해볼 수 있는 아이, 많은 것을 해본 아이가 자신의 재능을 찾을 수 있다. 학교 수업과 학원 수업에 쫓겨 잠자는 시간조차 부족한 아이에겐 그럴 기회가 없다. 사교육은 절대 아이의 미래를 보장해주지 않는다.

　당신의 아이가 진정한 사교육을 받길 바란다. 가정에서, 그리고 동네에서 말이다. 아이에게 다양한 환경과 함께 많은 시간을 허락해라. 당신은 그것만으로 이미 충분한 뒷바라지를 하는 것이다.

엄마는 귀동냥으로
아이를 키운다

영훈 어머니는 결혼 전 학습지 교사로 일했다. 그때 사교육에 시달리는 어린아이들을 수없이 만났다. 놀고 싶어 하는 아이들이 집에 매여 정해진 학습지를 풀고 학원을 돌아야만 하는 모습이 안타까웠다. 억지로 하는 공부라 효율 없이 시간만 버텨내는 모습이 여간 짠해 보인 게 아니었다. 아이를 낳으면 자유롭게 놀 수 있도록 해야지 다짐했다.

특히 직장 선배의 조언 한마디가 마음에 꽂혔고, 늘 품고 실천했다.

"아이들은 그저 놀면서 자라야 해. 학교 들어가기 전에 절대 글을 가르치면 안 돼. 학교 수업 시간에 흥미를 잃고 겉돌게 되니까. 아이가 학교생활 자체에 흥미를 잃게 돼. 아이한테 공부로 스트레스를 주면 안 돼."

언뜻 들으면 맞는 말인 듯하다. 그렇지만 저 말만 듣고 아이를 키우며 교육엔 전혀 신경 못 쓰는 경우가 많다. 영훈이 그랬다. 깔끔하게 옷을 차려입고 좋은 장난감을 늘 들고 다녔지만, 사실 교육적으로는 방치 상태였다.

"저는 그런 얘기를 들어서 절대 공부 안 시키고, 주말이면 데리고 놀러만 다녔어요. 진짜 그냥 놀리기만 했어요."

아이는 놀이를 통해 학습하는 것이 맞다. 자연을 즐기며 사물의 이치를 알고 학교에 가기 전 많은 것을 가슴으로 느끼고, 품고, 깨달아 간다. 엄마는 그저 아이가 관심을 갖고 즐거워하는 것에 깊이 몰입할 수 있도록 끌어주고, 그 안에서 학습하도록 유도해주면 된다. 그런데 안타깝게도, 아이에게 깊이를 더해주는 경우를 찾아보기 힘들다.

한편으로 교육적 방치라는 생각이 들었다. 단순히 아이 얘기를 듣기만 하고, 이것저것 따져보지 않고 고민 없이 기른 것이다. 아이는 학습이라 할 수 있는 것에 하나도 노출되지 않았다. 무책임한 태도에 괴로워지는 것은 엄마가 아니라 아이다. 아이는 선생님만 보면 얼음이 된다. 자신이 다른 아이들보다 여러 가지로 부족하다는 사실에 수업 시간엔 늘 주눅이 든다. 논리력이 떨어지니 여자아이들과 다툼이라도 일어나면 늘 억울한 상황에 처하고 만다. 자신의 논리를 펼 줄 아는 똑똑하고 영악한 아이에게 걸리면 늘 가해자가 돼버린다. 분하고 억울한 마음에 참다못해 아이의 손이 먼저 올라간다. 이런 상황의 반복은 아이를 더욱 억울하게 할 뿐이다.

뾰족한 수가 없었다. 그래서 이 학원 저 학원 옮겨다녔다.

"전 아이를 믿어요. 그래서 아이가 원하는 학원에 다니도록 해주고 있어요."

엄마의 말은 그럴싸해 보이지만, 사실 막연한 믿음일 뿐이다. 여기서 실패한 것은 저기서도 마찬가지다. 실패한 눈과 머리로 하는 고민은 같은 결과를 불러올 뿐이다.

영훈 어머니의 상황이 안타깝기만 했다. 성경에선 아이를 기업이라 한다. 자신의 기업을 가꾸는 데 책 한 권도 제대로 읽지 않은 것이다. 그러면서 아이가 제대로 자라길 어찌 기대하겠는가. 돼지를 키우고 소를 키우는 사람들도 수없이 공부하고 연구한다. 한 아이의 인생을, 운명을 결정할 어머니가 아이를 위해 책 읽는 수고를 마다한다면 과연 어머니라 할 수 있을까?

훌륭한 아이를 길러낸 어머니들이 있다. 그중 누구도 귀동냥으로 아이를 길러내지 않았다. 스스로 훌륭한 교육을 받아온 사람이라면 그 지혜에 의지해 아이를 키워냈다. 교육받은 대로 실천하는 것은 어렵지 않았다.

육아에 대한 지식이 없어 고민이던 어머니들도 있었다. 그들은 아이가 태어나자마자 교육 서적부터 구입했다. 한 권, 한 권 모르는 것을 깨달아갔다. 책은 한발 앞선 등불이 되어주었다. 그것으로 육아를 시작했다. 쌓이는 책만큼이나 소신이 생겨났다. 서두르지 않고 하나씩 배운 대로 실천한다. 덕분에 아이가 자라는 만큼 엄마도 자랐다. 무엇이 옳고 중요한지를 분별하며 흔들리지 않는 자녀교육을 실천할 수 있었다.

"저는 진짜 우리 아이가 천재인 줄 알았어요, 정말."

아이를 잠시 맡겨두고 일주일에 두 번 문화센터에 나간 적이 있다. 그곳에서 친분이 생긴 지인의 이야기다.

어렵게 낳은 첫아이, 딸이었다. 이것저것 부족함이 없이 해주고만 싶었다. 엄마는 아이가 어릴 적부터 정성을 들여 많은 책을 읽어주었다. 그 덕분인지 아이는 또래 아이들보다 똑똑했다. 습득이 빨랐던 아이를 유심히 관찰하고 한글도 미리 시작해주었다. 아이는 어렵지 않게 습득했다. 엄마는 기뻤다.

큰아이가 만 세 돌쯤 됐을 때 둘째가 태어났다. 큰아이는 어린이집에 가야 했다. 어린이집이 어색했던 아이는 다른 아이들 주변을 맴돌았다.

하루는 어린이집 선생님한테 전화가 왔다.

"혹시 아이가 글을 읽을 줄 아나요?"

아이는 어린이집에 나가기 시작한 며칠 후부터 신발장 앞에 머물렀다. 유심히 보더니 친구들의 신발을 신발장에 꽂기 시작했다. 지켜보니 모두 이름에 맞게 꽂아두더라는 것이다.

아이는 이렇게 성장했다. 성장하면서도 책 읽는 것을 좋아했다. 그렇게 초등학교 시절을 보내고, 중학생이 되었다. 아이는 중학생이 되어서도 늘 반에서 1, 2등을 도맡아 했다.

딸이 중학생이 되고 보니 엄마는 비교하는 마음이 생기기 시작했다.

'내가 조금 더 신경 써주면 우리 딸 미래가 바뀌는데…'

엄마는 교육법을 바꿨다. 좋은 학원을 찾았고, 좋은 과외를 찾았다. '분명 우리 아이 아이큐가 제일 높다고 했는데… 어릴 땐 천재인 줄 알았는데…' 이런 마음이 엄마를 괴롭히기 시작했다. 아이의 가능성을 믿었기에 그것을 더욱 키워주고 싶었다. 다른 아이들보다 더 말이다. 학원과 과외를 번갈아 시켜보았다. 하지만 아이는 나아지지 않았다.

아이는 괴로웠다. 공부가 더는 즐겁지 않았다. 공부를 해야겠다는 동기도 없었다. 그냥 시험을 봐도 성적은 웬만큼 유지됐다. 더 잘하고 싶지도 않았다. 아이는 점점 흥미를 잃어갔다.

엄마의 마음, 또 상황이 충분히 이해가 되었다. 반대로 아이의 마음 또한 이해가 되었다. 이런 경우를 종종 보았다. 엄마의 비교하는 마음 때문에 아이의 즐거움을 잠시 미뤄둬야 한다는 생각들. 다른 아이들과 똑같이 가야 할 것만 같은 두려움은 늘 엄마의 마음을 파고든다.

하지만 우리가 명심해야 할 사실은 아이의 책 읽는 즐거움, 탐구의 즐거움을 뺏는 순간 아이는 공부에서 멀어질 수밖에 없다는 것이다. 아직 중학생인 아이에게 가혹한 스케줄과 엄마의 비교는 숨통을 조일 뿐이다. 아무것도 할 수 없게 한다. 아이는 쉬고 싶기만 하다. 아이는 더는 책을 읽을 수도 없다. 여유가 있어야 책이 읽히고 그것을 곱씹으며 즐거움이 되는데, 아이는 이제 시간이 없다.

비교로 시작되는 엄마의 귀동냥 교육은 아이의 입시 교육에서 절정에 달한다. 엄마가 생각하는 입시 교육의 끝은 일류 대학과 일류 직장이다. 하지만 그것이 절대로 행복을 보장하지 못한다. 잘못된 입시 교육은 아이의 패배감을 만들 뿐이다. 엄마가 아이를 위해 좀 더 멀리보고 그림을 그려나갔으면 한다.

절대 귀동냥으로 아이 키우지 마라. 귀 얇은 엄마는 아이를 잡는다. 지금의 머리론 절대 답이 안 나온다. 질문을 만들어낸 그 상황에서는 답을 찾을 수 없다고 하지 않는가. 한 걸음 물러서서 바라봐야 한다.

좀 더 객관적으로 상황을 고민해야 하기에 책을 펼쳐야 한다. 책에서 답을 찾아야 한다. 아이를 위해 그렇게 하자. 교육은 한 아이의 미래다. 자녀교육서 30권만 읽어도 귀가 제대로 열린다. 무엇이 옳고 무엇이 그른지, 더 나아가 어디까지가 옳은지 듣는 귀가 열릴 것이다. 내아이를 연구하고 아이를 위한 진정한 공부를 하자.

"어떤 생각에 동의하지 않고도 그 생각을 해볼 수 있는 것이 교육받은 사람의 특징이다."

_ 아리스토텔레스

아리스토텔레스의 저 말이 힘이 된다. 한 아이를 키우면서 수많은 교육법을 다 적용할 순 없다. 엄마도 아이도 지칠 일이다. 그런데 우리는 교육받을 수 있지 않은가! 수많은 교육 서적을 통해 아이들을 미리 대입해볼 수 있다. 엄마가 먼저 읽고 그것들을 미리 대입해봐야 한다. 머릿속으로 아이의 교육을 미리 설계하며 교육의 진리를 찾아가자. 공교육, 사교육에만 의존하지 않고도 교육의 소신을 가지게 될 것이다.

교육법, 남에게 **인정**받으려
애쓰지 마라

부부는 오늘도 태어날 아이를 위해 기도했다. 첫아이처럼 보내고 싶지 않았다. 첫아이는 태어난 지 얼마 지나지 않아 하늘나라로 갔다. 태어날 때부터 몸이 약했다.

마침내 둘째 아이가 태어났다. 그들은 또 한 번 절망했다. 아이는 미숙하고 보통의 아이들보다 지능이 부족했다.

"이 아이는 교육을 해봤자 소용없어요. 헛수고예요."

아내가 말했다. 주변의 이웃들도 말로는 아니라고 하지만 모두 같은 마음이었다. 보통의 아이에게도 평범한 교육조차 소홀히 하는 사람이 많다. 그런데 남편은 미숙한 아이를 교육하기 시작했고, 주변에선 비웃음을 보였다.

그는 신경 쓰지 않았다. 제대로 된 교육을 한다면 아이는 달라질 거라고 믿었다. 그는 평범치 않은 교육을 하기 시작했다. 미숙하지만 아이에게서 잠재력을 발견했고, 누구보다도 소중한 아이로 받아들였다.

결국 아이는 여덟 살 때 6개국어를 자유롭게 구사하게 됐다. 수학 실력도 대단히 뛰어났다. 아홉 살이 되자 대학에 합격했으며, 불과 열네 살의 나이에 박사 학위를 받았다. 그리고 마침내 열여섯 살에 교수로 임명된다.

그가 바로 칼 비테다. 그의 아버지 이름 역시 칼 비테다. 그는 아이가 태어나기 전부터 아이의 교육에 관해 남들과 다른 시각을 가지고 있었다. 교육은 아이가 태어나는 순간부터 시작되어야 한다는 생각이었다. 교육 방법 또한 다른 이들과 달랐다.

기무라 큐이치의《칼 비테 영재 교육법》에 칼 비테의 교육법이 자세히 소개되어 있다. 그는 목사였기에 성경을 가지고 아이에게 바른 가치관을 심어주었다. 아이라고 쉬운 책을 보여주거나 유아어를 통해 가르치지 않았다. 그는 아이에게 어른들이 보는 딱딱한 인문학 서적을 읽어주고 암송해주었다. 유아어 대신 어른들의 바른 언어로 채워주었다. 사람들은 그의 교육법을 지지하지 않았다. 비웃음거리가 되기에 적당했다. 하지만 그는 평범한 교육을 하기를 거부했다. 그의 평범치 않은 교육은 평범치 않은 결과로 증명되었다. 아들 칼 비테는 누구보다도 뛰어난 아이로 성장했다. 그의 소신이 옳았던 것이다.

만약 그가 주변의 눈치를 보고 쭈뼛거리며 흔들렸다면 아들의 삶은 어떻게 되었을까? 그의 소신 있는 교육은 아들의 삶에 자유를 주었고 행복을 주었다.

이지성 작가는 《당신의 아이는 원래 천재다》를 통해 자신의 교육법이 비난받은 일화를 애기한다. 그는 과거 초등학교 교사로 근무했다. 그는 고전 읽기의 필요성을 가슴 깊이 깨달았기에 당연히 반 아이들에게 고전을 읽히고 필사를 시켰다.

당시 고전 필사는 생소한 일이었다. 그의 근무지는 분당에 있었다. 소위 학군 좋은 곳이다. 학부모들은 일류 대학을 나왔다. 그런 학부모들마저도 '나도 읽어보지 않은 책을 왜 아이에게 읽히느냐'고 물어왔다. 아이들에게 시간이 없는데 왜 고전으로 시간을 낭비하느냐고 비난하기도 했다.

이지성은 《리딩으로 리드하라》를 통해 인문고전의 필요성을 알렸다. 지금 인문고전의 필요성에 문제를 제기할 사람은 없다.

제대로 된 교육일수록 인정받기 힘들다. 누구도 제대로 된 교육을 제대로 받아보지 못했기 때문이다. 오히려 비난하고 무시하는 것이 속 편하기 때문이다.

아이를 위한 교육임이 확실하다면 인정받기를 포기하라. 나와 내아이가 걷는 길이 틀리지 않았다면 뒤돌아볼 필요가 없지 않은가. 아이를 보고 고민하고 답을 찾아라. 내 아이만 답이고, 내 아이 안에 답이 있다.

아이의 엄마는 두 살이 되어 아이를 큰 병원에 입원시켰다. 검사를 받기 위해서였다. 검사 결과 아이는 식물인간과 같았다. 그는 앞으로 걷거나 말할 수 없었다. 뇌손상아 시설에서 평생을 보내게 하라는 것이 병원의 진단이었다.

하지만 아이의 엄마는 포기하지 않았다. 희망적인 물리치료사를 만났고 어머니는 아이를 위해 최선을 다했다. 아이는 이내 정상아처럼 배밀이를 하고 "엄마, 아빠"를 시작했다.

아이의 엄마는 아이에게 책을 사주었다. 아이가 세 살이 되었을 때다.

> "토미가 걷거나 말하지 못한다 할지라도 그 애 눈을 자세히 들여다보면 매우 영리하다는 것을 알 수 있어요."
>
> _《아이에게 읽기를 가르치는 방법》, 글렌 도만·자넷 도만, 비츠교육

그녀는 아이의 눈을 보았다. 몸이 성치 못할지라도 그 안의 영혼만은 위대했다. 아이와 교감하며 아이를 믿고 힘을 얻었다. 그녀만의 교육법을 흔들림 없이 밀고 나갔다. 네 살이 되었을 때 그림책을 스스로

읽기 시작했다. 운동도 더욱 진전을 보였다. 아이는 다섯 살이 되기 전에 과학 잡지를 포함한 어떤 책이나 거의 읽게 되었다. 열 살 무렵의 아이보다도 더 잘 읽을 수 있었다.

아이는 결국 특수학교를 찾게 되었다. 그것은 수준이 낮아서가 아닌 특별히 높은 수준의 특수학교를 말한다. 영재 아이를 위한 학교에 들어가게 된다.

글렌 도만·자넷 도만의 《아기에게 읽기를 가르치는 방법》에 소개된 토미의 이야기다.

식물인간 선고를 받은 아이에게 정상 아이와 같은 교육을 할 수 있다는 것은 대단한 믿음이다. 이것은 아이를 전적으로 믿고 사랑해야만 가능한 일이다. 그러지 않고는 불가능한 일이다.

이를 가능케 한 것은 바로 어머니의 사랑이었다. 모든 이의 만류와 손가락질에도 어머니는 아이를 믿었다. 아이를 뛰어난 아이로 만들기 위해 한 일이 아니었다.

만약 아이가 특수학교에 입학하지 못했다면 그녀는 실망했을까? 절대 아니다. 그녀는 단지 자신의 교육에 반응해주는 아이의 가능성을 믿었던 것이다.

조지 밀러 감독의 〈로렌조 오일〉은 실화를 바탕으로 한 영화다. 오돈 부부의 아들 로렌조는 ADL(부신 대뇌백질 위축증)이라는 희귀병에 걸린다. 몸 안의 신경세포들이 점점 파괴되는 병이다. 로렌조는 보고, 듣고, 말하는 기관이나 운동·감각 기능들 또한 점점 파괴된다. 결국은 죽음으로 치닫는 치명적인 병이다. 치료법이 없기에 의료진은 로렌조를 포기할 수밖에 없었다.

하지만 그의 어머니는 달랐다. 그녀는 아들을 포기할 수 없었다. 아들과의 교감을 위해 그녀가 선택한 것은 바로 책이었다. 그녀는 죽어가는 아들 옆에서 책을 읽어주었다. 아들이 반응하고 있다는 것을 그녀는 느낄 수 있었다. 아이는 엄마와의 그 시간이 행복했다.

엄마의 이 지독한 사랑은 결국 아이를 위한 치료법을 찾아낸다. 아이는 의사가 예고한 2년이 아닌 25년을 더 살게 된다.

〈로렌조 오일〉을 보며 우리가 아이들에게 너무 많은 것을 기대하고 있다는 생각이 들었다. 로렌조의 엄마는 아이를 존재 자체로 감사한다. 더는 바랄 수 없기 때문이기도 하다. 아이의 병은 아이에게 중요한 것이 뭔지를 알 수 있게 해주었다. 아이와 교감할 수 있는 그것만으로도 행복했다. 아이가 반응하는 것을 찾았고 그것은 바로 책이었다.

최소한의 것. 그것이 아이가 즐거워하고 행복한 것이라면 다른 사람들에게 인정받지 못한다 해도 신경 쓰지 마라. 비난을 받는다면, 그 비난의 소나기 속에서 우산을 받치고 아이를 지켜줄 수 있어야 한다.

장애를 가진 아이의 엄마는 오히려 아이에게 진정 필요한 것을 제대로 보았다. 아이에게 원하는 것이 없이 그저 존재만으로 사랑하게 되기 때문이다. 아이의 행복만을 보았기 때문이다.

반대로 보통의 엄마는 아이의 행복을 뒤로 미루는 경향이 있다. 아이를 그 자체로 보지 않고 비교의 대상으로 보기 때문이다. 아이를 존재만으로 대할 수 있는 눈이 필요하다. 그때 비로소 엄마 자신만의 교육법에 힘이 생긴다.

요즘 엄마들은 교육에 소신을 가지기가 참 힘들다. 정보가 넘쳐서다. 아이의 교육을 두고 유혹하는 것들이 너무 많아서다. 사실 진짜 제대로 된 교육일수록 돈이 들지 않는데 아이를 놓고 장사를 하다 보니 엄마를 끊임없이 흔들어댄다. 아이 교육을 놓고 여기저기 기웃거리고 귀를 기울일수록 흔들리고 무너지기가 쉽다. 내가 세운 교육이 나를 위한 것이 아니고 진짜 내 아이를 위한 것이라면, 그것이 정말 확실한 것이라면 흔들리지 말아야 한다. 누구의 동의나 호응도 기대하지 말자.

진짜 제대로 된 교육일수록 주변 사람들에게 인정받기 힘들다. 진짜 아이를 위한 교육이라면, 진짜 내 아이를 겨냥한 최적의 교육일수록 인정받기 힘들다. 왜냐하면 사람은 누구나 평균이 될 수 없기 때문이다. 평균이라는 것이 존재할까? 아이는 고유한 존재다. 그 존재 자체일 뿐이지 절대 평균이 될 수 없다. 내 아이를 위한 교육이 제대로 됐다면, 당연히 그 교육 또한 평균이 될 수 없다.

당신의 교육법이 인정받길 바라지 마라. 그리고 당신의 아이도 인정받길 바라지 마라. 비교가 시작된다. 정답은 내 안에, 아이 안에 있다. 내 아이와 책을 보고 답을 찾고, 그 길을 묵묵히 걸어라.

새로운 교육을
용감하게 시작하라

"우리 애 학원을 더 보내야 해. 이제 본격적으로 공부를 시켜야지. 아, 잘 키우고 싶다. 근데 정말 쉽지가 않네."

오랜 지인의 전화였다. 아이 교육 때문에 걱정이 많았다. 맞벌이를 하고 있어서 아이를 저녁 7시까지 맡겨야 했다. 아이는 그림 그리는 것을 좋아했다. 지켜보니 미술학원에서는 놀기만 하는 것 같았다. 불안해서 동네 학원을 알아보던 중 내게 전화를 한 것이다.

조카 같은 아이다. 너무 예쁜 아이. 형편이 어려워 어려서부터 부부는 맞벌이를 했다. 아이는 엄마 손길을 많이 받지 못했다. 그 아이가 벌써 4학년이 되었단다. 세월 참 빠르다. 아이의 홀쩍 커버린 모습을 보니 더 그랬다.

이런 통화가 처음이 아니었다. 몇 년 전, 그때도 학원을 물어왔었다. 가까이 살지 않기에 반가웠다. 학원에 보낸다고 해서 아이 교육이 해결되진 않는다. 가정을 대체할 수 있는 학원은 없다. 통화가 길어지지 싶었다. 그래서 자녀교육서 몇 권을 추천해줬다. 자녀교육의 정수가 담긴 책들이었다. 독서와 영어 교육에 관한 책들이었다. 그리고 교육이라는 측면에서 엄마가 어떤 역할을 해야 하는지에 대해 얘기를 나눴다. 엄마의 중요성 말이다. 지인은 맞벌이를 해야 하기에 학원 외에는 아무것도 해줄 수 없다고 말했다. 일단 책을 읽어보라고 했다. 그 뒤로 한동안 소식이 없었다.

얼마 후 전화가 왔다. 내용인즉, 부부가 둘 다 일을 그만둘 수도 없는 상황이고, 아이를 학원이 아니면 맡길 곳이 없어 7시까지는 무조건 학원에 있어야 한다는 것이었다. 집에서 책을 많이 읽혀보도록 하겠지만 예전처럼 몇 번 하다 말지 싶다며, 둘 다 피곤해서 아이의 교육에 신경 쓰기가 힘들다고도 했다.

답답한 마음이 들었다.

'휴… 아이를 위해서인데 그리 힘들까? 그리 머뭇거려질까?'

아이를 생각하니 더 안타까웠다. 어릴 적부터 학교 끝나고 학원만 돌리는 게 아이에게 얼마나 큰 스트레스가 되는지 잘 알았다.

생각해보니 아이를 위해 책 몇 권 읽어주는 것 때문이 아니었을 것이다. 아이의 스케줄이 바뀌려면 부모의 생활 패턴도 달라져야 한다.

또한 엄마 스스로가 자신의 변화를 선택해야 한다. 지금의 의식을 가지고 적용하기에는 무리가 있다. 그것을 해내기에 용기가 없었던 것이다.

아이를 집에서 제대로 교육해보기로 작정한 엄마가 예전의 마음가짐 그대로라면 애만 잡는다. 아이의 교육에 나서기로 한 이상 엄마도 성장해야 한다. 그렇지 않으면 오래 못 가 포기하고 말 것이다.

아이를 기르며 생각이 같은 분들을 종종 만난다. 사교육 없이 손수 아이를 잘 길러보겠노라고 다짐한다. 하지만 이 다짐을 지키기는 쉽지 않다. 엄마의 소신을 무너뜨리는 유혹이 정말 많기 때문이다. 아이를 통해 장사를 하려는 경우가 많다. 나는 그렇게 하지 않으려 하는데도 설득하고 또 설득한다. 거기에 심리적 압박과 협박 비슷한 것까지 해가며 아이에게 꼭 해줘야 할 것처럼, 꼭 사줘야 할 것처럼 분위기를 몰아간다.

한번은 우리 아이와 같은 또래 아이를 둔 친구에게서 전화가 왔다. 400만 원짜리 학습지를 할 것이냐 말 것이냐 하며 전화를 해왔다. 친구는 벌써 200만 원에 해당하는 학습교구를 들여놨다. 그 판매자가 심리검사까지 들먹이며 이렇게 아이를 키우면 아이의 재능과 싹을 짓밟는 거라고 했단다. 듣는 동안 화가 났다. 친구네 형편이 어렵다는 것까지 뻔히 알고 있다. 중고 전집 사서 읽어주겠다고 마음 다독이며 열심히 아이 키우고 있는 사람한테 마음 들쑤시며 흔들어놓은 것이 답답했다.

이것이 유아 시장에만 해당하는 일일까? 아이의 학년이 올라갈수록 해가 거듭될수록 엄마의 소신을 흔들어놓는 일이 많아진다. 거기다 아이와 사이까지 좋지 않다면 상황은 더욱 나빠진다. 아이와의 갈등을 스스로 풀 힘도 지혜도 없어 외부의 힘에 그저 맡기려고 하기 때문이다.

문제는 엄마 스스로에게 교육적 소신이 없다는 것이다. 새로운 유혹이 뻗쳐 오면 자기가 지켜오던 소신이 흔들리기 쉽다. 지금껏 아이의 교육을 얕은 지식과 귀동냥에 의지했기 때문이다.

사실 자녀교육법을 세우는 것은 생각처럼 쉽지 않다. 우리 스스로가 그런 교육을 받지 못했으니까. 그렇다고 아무것도 하지 않은 채 파도에 떠밀려가는 뗏목만을 지켜볼 순 없는 일이다. 우리가 경험이 없기 때문에 그런 교육을 한 이들을 먼저 들여다봐야 한다. 보는 것이 많고 아는 것이 많아지면 옥석을 가려내는 힘이 생긴다. 무엇이 근거 있는 좋은 교육이고, 무엇이 말만 화려하고 겉으로만 그럴듯한 교육인지를 분별하게 된다. 그런 과정 가운데 엄마도 교육 전문가로 성장하게 된다. 자녀교육서 30권만 읽어보라고 추천하고 싶다.

"어머니가 자녀에게 공부 및 독서 습관을 붙여줄 수 있는 가장 좋은 시기가 초등학교이다. 이 기간, 어머니가 아이에게 얼마나 헌신하느냐가 아이의 평생을 좌우하게 된다고 해도 과언이 아니다. 그리고 초등학교 시절 어머니가 아이에게 공부와 독서 습관을 확실하게 심어주면, 중학교부터는 아이 스스로 알아서 열심히 공부하고 독서한다. 미래형 커리큘럼을 가진 어머니들은 수다 떨러 돌아다닐 시간도, 주부 우울증이니 뭐니 하면서 자아를 부정적인 색깔로 칠할 여유도 없다. 그들에게는 오직 아이를 위해 열심히 뛰어다니는 시간만이 존재한다."

_《당신의 아이는 원래 천재다》, 이지성, 국일미디어

당신은 오로지 당신 아이의 엄마다. 가장 중요한 것이 무엇인지를 분명히 했으면 한다. 아이를 위해 희생을 각오하라고 말하는 것이다. 비싼 옷과 화려한 무엇을 얘기하는 것이 아니다. 그저 엄마의 순수한 희생을 얘기하는 것이다. 아이의 교육이 그저 아이의 희생만으로 이루어질 수 없다. 그것은 이미 많은 문제를 불러일으켰다. 당신이 아이보다 앞서 걸을 각오로 아이를 위한 지혜를 갖추고 시작하라.

2장

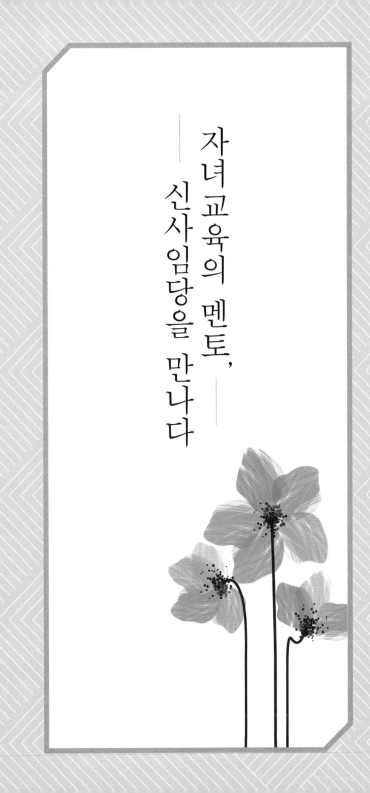

자녀교육의 멘토,
신사임당을 만나다

등불이 될
멘토를 찾아라

어릴 적 먼 친척 집에 놀러 간 적이 있었다. 주택들이 빼곡하게 들어찬 곳이었다. 유치원 방학을 맞아 며칠을 머물렀다. 하루는 심심해서 동네 놀이터를 찾았다. 아이들은 놀이터에 없었다. 근처에 공사를 하던 건물이 있었는데, 그 주변에 아이들이 있었다. 내 또래만 한 아이들 몇몇이 모여 있었고, 어느새 나도 그 안에 섞였다.

공사 현장에는 집을 짓기 위해 턱을 높여놓은 곳이 있었는데 거기에 틈이 있었다. 두 공간의 높이에 꽤 차이가 났다. 아이들 중 누군가 말했다.

"우리 여기 뛰어내려 볼까?"

난 뒤로 물러서며 고개를 흔들었다. 꼭 그 사이로 빠져버릴 것 같았다. 다른 아이들도 주춤거렸다. 한참을 망설였다. 그런데 한 아이가 몇 번을 시도하다 용기를 내 뛰어내렸다. 자신도 무서웠던지 착지를 할 때 고개를 숙이고 주저앉았다. 그러고는 이내 뒤를 돌아봤다. 아이는 자랑스럽게 웃고 있었다.

또 다른 아이가 용기가 났는지 두 번째로 뛰어내렸다. 그다음, 또 그다음…. 아이들은 뛰어내렸다가 다시 위로 올라와 줄을 섰다. 모든 아이가 높은 곳에서 뛰어내리고 있었다. 어느새 나도 그 속에서 아이들과 함께하고 있었다.

우스운 이야기지만 멘토의 존재는 이런 것이 아닐까 생각해본다. 앞서서 시도하는 사람 말이다. 아무도 하지 못하는 일을 누군가 용기를 내서 시도하여 성공했다면, 그리고 그것이 누군가에게 도전이 되고 동력이 되었다면 그가 바로 멘토인 것이다.

도저히 용기가 나지 않는 일도 누군가의 시도로 성공했다는 이야기를 들으면 도전하기가 쉬워진다. 모든 상황에 미리 심적인 예산을 세우고 도전하기 때문에 성공할 가능성 또한 높아진다.

60여 년 전 인간은 1마일(약 1.6킬로미터)을 4분 안에 돌파하는 것은 불가능하다고 믿었다. 이것은 육체적인 한계라 여겨졌다. 의학계의 입장 또한 단호했다. '1마일을 4분 안에 돌파하는 것은 폐와 심장 그리고 모든 관절의 파열을 의미한다. 근육이며 인대, 힘줄이 모두 찢어지고 말 것이다.' 이것이 그들의 입장이었다. 1마일을 4분 안에 돌파하는 것은 바로 죽음을 의미했다. 누가 감히 죽음에 도전할 수 있을 것인가? 모두 스스로에게 한계점을 만들었다. 그것에 도전하길 두려워했다.

이때 누군가 자신의 죽음에 도전한다. 옥스퍼드대학교의 의대생이었던 로저 베니스다. 그는 1마일을 4개 구간으로 나누었다. 그리고 각 구간을 전속력으로 달리며 훈련했다.

1954년 5월 6일, 그는 마침내 1마일의 결승점을 4분 안에 도착했다. 관객은 그에게 집중했다. 그는 어떻게 됐을까?

우려했던 것과 달리 그의 심장과 폐는 정지하지 않았다. 근육조직들 또한 찢어지지 않았다. 모두 정상이었다. 이 기적 같은 사실은 전 세계 신문의 1면을 장식한다.

집중해야 할 일은 여기서부터다. 로저 베니스터가 1마일을 4분 안에 돌파하자, 1마일을 4분 안에 돌파하는 선수들이 하나둘 등장하기 시작한다. 1년이 지나기 전 37명이나 되는 선수가 그런 기록을 세웠다.

이상의 내용은 2006년 3월 시사 종합 월간지 〈뉴스메이커〉에 소개되었다.

이런 일은 육상계에서만 일어나는 일이 아니다. 나는 아직도 1998년 US오픈 경기의 박세리를 잊을 수 없다. 연장전 마지막 18번 홀에

: 新사임당 자녀교육 :

서 그녀의 공이 연못으로 빠지고 만다. 고민하던 그녀는 양말을 벗고 물속으로 들어간다. 그리고 힘차게 공을 친다. 그녀의 공은 결국 홀에 들어간다. 그녀의 간절함과 열망은 내게 감동 그 자체였다. 이 모습을 지켜보며 많은 소녀가 박세리와 같은 꿈을 키웠다. 그들은 실제로 세계 무대에 진출했고 그녀 이상의 성과들을 보여주었다.

멘토는 내가 나아갈 수 없는 한 발을 내딛도록 해준다. 그것이 가능하도록 힘을 준다. 이것은 엄청난 결과를 가져다준다.

내 안에 멘토가 있다는 그 자체만으로도 영향을 받게 된다. 우리는 멘토를 보고 오르고 또 오르며 성장을 거듭한다. 멘토는 내 안에서 인생의 시련과 난관이 아무것도 아니라고 말해줄 것이다. 내가 앞서 승리한 길이기에 당신은 더 잘할 수 있다 말해준다. 진정한 멘토란 내 눈에 보이지 않는 두려움까지 말끔히 씻어줄 것이고, 오직 나만을 응원하고 지지해줄 것이다. 이것이 우리에게 멘토가 필요한 이유다.

당신은 진정한 멘토를 가지고 있는가? 그것이 지금 자녀교육에 등불이 되어주고 있는가?

초등학교 시절, 여자아이들의 공통적인 꿈은 바로 '현모양처, 신사임당'이었다. 사임당은 어릴 적 우상 같은 존재였다. 위인전으로 만난 그녀는 완벽했다. 이 책을 준비하면서도 빈틈 하나 없을 것 같은 그녀에 대해 써나가는 일은 쉽지 않았다. 하나하나 나 자신과 비교가 됐다. 그만두고 싶은 순간도 찾아왔다.

내 간절한 기도가 하늘에 닿았던 모양이다. 어느 날 사임당 그녀가 내게 가까이 다가와 주었다. 그녀는 '신사임당'이라는 벗기기 힘든 완벽한 포장을 벗어내 주었다. 자신의 모습 그대로를 들여다볼 수 있게 해주었다. 한 남자의 아내로서, 엄마로서의 처절한 모습들이 보였다. 그것이 마음으로 느껴졌다.

사임당은 처음부터 완벽했던 것이 아니었다. 처음부터 완벽했기에 아들을 완벽하게 키운 것이 아니었다. 그녀는 부족한 아내였고, 부족한 엄마였다. 하지만 최고의 아내라는 삶을 선택했다. 최고의 엄마라는 삶을 선택했다. 그녀는 자신의 삶에서도 최고를 선택했다.

그녀의 삶은 치열한 고민 끝의 선택들이었다. 그녀는 독서와 사색을 통해 가치 있는 것을 찾아낼 줄 알게 됐다. 내면의 소리에 귀 기울일 줄 알게 됐다. 자신이 선택한 길이 틀리지 않다면 돌아보지 않고 걷는 용기도 얻게 됐다. 그녀는 결혼으로 자신의 삶이 멈춰버리는 것을 허락하지 않았다. 스스로 성장하기를 멈추지 않았다. 이것을 보며 자란 아이들 또한 엄마처럼 성장하는 삶을 살 수 있었다.

사임당도 연약한 여인이었다는 것을 알게 된 후, 그녀의 삶을 더 진지하게 들여다보았다. 당신도 조금만 귀를 기울인다면 사임당이 자신의 길을 보여주고 당신에게도 그 길을 안내해줄 것이다. 사임당은 자신의 삶에 진정한 멘토를 정하고, 그것을 통해 자신을 세우고, 부족한 남편을 세우고, 일곱 명의 자녀를 세웠다. 지금 우리에게 필요한 건 진정한 삶의 멘토다.

　사임당의 본명은 신인선이다. 그녀의 친정은 부유했지만 아들이 없었다. 조선 시대에 대를 이을 아들이 없다는 것은 집안의 근심이었다. 아들 없던 친정에서 신인선은 아들잡이 딸, 즉 아들 노릇을 대신해야 하는 딸이었다. 부모는 아들과 다름없이 학문을 가르쳤다. 정성을 다했다. 그녀는 많은 시간 자연과 벗하며 풍부한 감성을 키웠다. 그것은 그림으로 표현됐다. 또한 부유한 가정에서 많은 책을 읽고 학문을 닦으며 자랐다.

　신인선은 강원도 강릉의 오죽헌에서 최고의 학자들과 만난다. 책을 통해서 말이다. 어느 날 손에 쥔 사마천의 《사기》는 그녀의 삶을 바꾸어놓는다. 그녀는 《사기》를 통해 문왕의 어머니 '태임'을 만난다. 그녀는 태임에게 흠뻑 빠져들었다.

　문왕은 중국 주나라를 세운 위대한 인물이다. 태임은 태아 시기부터 아이의 교육에 소홀함이 없었다. 태임은 문왕을 잉태하자마자 태교를 시작한다. 당시에는 태교라는 것이 없었다. 그만큼 아이에 대한 태임의 마음가짐은 대단했다. 그렇게 뱃속 아이에게 정성을 쏟았다. 이러한 태임의 이야기는 '태임지교'를 통해 전해진다. 그녀는 중국에서도 존경받는 여인이다.

신인선은 그 작은 오죽헌에서 조선을 넘어 중국 최고의 여인을 만난 것이다. 그녀는 마침내 태임을 멘토로 삼게 된다. 그녀도 자신의 호를 만들고 자신의 뜻을 세운다. 스승 '사'와 태임의 '임'을 따왔다. 태임을 스승으로 삼겠다는 뜻이다. 그것이 바로 '신사임당'이다. 사임당의 나이 열세 살 때의 일이다. 정말 당차고 멋지지 않은가? 당시 여자가 스스로 호를 정한다는 것은 예법에 맞지 않는 일이었다. 사임당이 자기 일생에 얼마나 큰 그림을 그리고 큰 뜻을 품었는지 알 수 있는 장면이다. 사임당은 책을 읽으면서 자신의 주변인들을 책 속의 인물들로 채워갔다. 어느새 자신조차 그들에게 물들어갔다.

멘토 '태임'은 그녀에게 큰 힘이 되었다. 부족한 남편 옆에서도 자신을 무너뜨리지 않고 남편마저 올곧게 세웠다. 가난한 시댁 살림에서도 물러서지 않았다. 마음이 흔들릴 때면 태임을 바라봤다. 사임당은 주어진 길에서 최고가 되었다. 그녀는 자신의 운명만을 멋지게 살아낸 것이 아니었다. 일곱 명의 자녀 또한 그녀를 통해 각자의 자리에서 최고가 되었다.

나는 임신임을 알고서부터 정신이 없었다. 태교가 중요하다는 것은 알았지만 뭘 어떻게 해야 할지 몰랐다. 조기 교육이 중요하다는 것도 알았다. 그런데 어떻게 해야 하는지 답답했다. 근거 없는 정보가 난무했다. 무얼 붙잡아야 할지도 알 수 없었다. 임신하기 전까지는 대충 살

∶新사임당 자녀교육 ∶

아왔는데 더는 그런 식으로 결정하고 살 수가 없었다. 나의 선택에 아이의 인생이 걸려 있었다. 이대로 정신없이 살아간다면 내 삶이 아이를 통해 그대로 드러나리라.

나는 아이를 제대로 키우고 싶었다. 그런데 자꾸 걸림돌만 생겼다. 걸림돌은 바로 나였다. '아이는 부모를 닮는다'는 말이 뇌리에 박혀 고민을 거듭하게 했다. 앞으로 더 나갈 수 없게 했다.

그때부터 자녀교육서를 읽었고, 마음가짐이 달라졌다. 아이에게 적용하기 위해서만 읽은 것이 아니었다. 나를 바로 세워야 했다. 아이를 훌륭하게 키우고 싶었다. 하지만 나는 그렇게 자라오지 않았다. 모르는 것이 너무 많았다.

자녀교육서를 읽을 때면 아이의 어머니만 보였다. 그녀들의 태도, 가치관, 문화 내가 그녀들을 닮아야 내 아이도 그렇게 자랄 것 같았다. 자녀교육서는 나의 교과서였다. 하나씩 하나씩. 어떤 날은 조급하게, 또 어떤 날은 천천히 그렇게 적용했다. 버릴 것은 버리고 취할 것은 취했다. 그렇게 하나씩 했다. 어느새 우리 집은 여러 가지로 달라졌다.

집 안의 비어 있던 벽들이 책장으로 채워졌다. 책장 두 개는 내 책으로 가득하다. 집 안에서도 틈이 생기면 책 읽는 습관을 들였다. 세 살 난 아들은 내가 책을 펴면, 자기 책 먼저 읽어달라고 책을 들고 와 조른다.

남편도 어느 순간부터 책을 읽기 시작했다. 우리 집 TV는 처음부터 보통 생각하는 TV로서의 용도가 아니었다. 처음엔 책 읽는 시간을 갖고자 구입하지 않았다. 그러다 아이를 낳고 나서 영어 교육을 위해 DVD를 시청하는 용도로 들여놓았다. TV를 보지 않기 때문에 집에 오면 할 일이 없다. 대화를 나누거나 책을 읽는다. 간혹가다 마음 맞는 날은 영화 한 편 보며 대화를 나눈다.

책을 통해 얻은 멘토들은 나를 변화시켜놓았다. 멘토를 만날 때 비싼 값을 치를 필요가 없었다. 차 한 잔 대접할 값이면 된다. 책장에 꽂힌 내 멘토들은 두고두고 내가 원하는 어느 시간이든 만날 수 있다. 그녀들의 삶이 담긴 책 한 권은 나를 바꾸었다. 집 안을 바꾸어주었다.

당신을 지탱해주고 이끌어줄 멘토를 만나길 바란다. 그것이 당신을 최고의 어머니로 변화시키는 가장 빠른 방법이다. 이젠 당신 차례다. 당신도 자녀교육 안에서 사임당이라는 멘토를 정해라. 그녀가 그러했듯이 당신의 운명을 개척해라. 스스로 최고가 될 방법을 찾아라. 당신 아이의 운명까지도 멋지게 개척해나가라. 당신이 정말 주저앉고 싶은 순간에 부닥칠 때, 사임당이 당신을 위로해줄 것이다. 나도 그랬다고, 여기서 주저앉을 수 없다고, 아직은 끝이 아니라고 말해줄 것이다. 내가 승리했던 길이니 당신도 분명히 그 길을 더 멋지게 걸어나갈 거라고 말해줄 것이다.

남편을
먼저 세워라

"만일 당신이 저 남자랑 결혼했더라면 지금쯤 당신도 주유소에서 함께 기름을 넣고 있겠지?"

"아니요. 바로 저 친구가 대통령이 되었을걸요."

주유소를 나온 후 클린턴 대통령 부부가 나눈 대화의 일부다. 주유소에서 기름을 넣어주던 사람은 대학 시절 힐러리의 가까운 친구였다.

그녀의 유명한 일화다. 이 이야기에서 드러나는 힐러리의 당당함이 좋다. 남편이 주유소에서 기름을 넣는 사람이더라도 그를 대통령으로 만들어버릴 거라는 자신감 말이다. 그녀의 말 한마디에 클린턴이 어떻게 그 자리에 있을 수 있었는지가 눈에 그려졌다. 보이지 않는 그녀의 희생이 가늠됐다. 그것은 클린턴 스스로 올라간 자리가 아니었다. 그 스스로가 유지할 수 있는 자리 또한 더더욱 아니었다.

힐러리가 처음 대선에 출마하던 시절, 그녀에 관한 책을 관심 있게 읽었다. 대단했다. 그녀의 성장 과정도 선택과 판단들도 멋졌다. 나와는 전혀 다른 삶을 살았기에 그녀의 삶이 매력적으로 보였는지 모른다. 그녀는 자신의 삶에서 항상 주도적이었고, 어쩌면 계산적이었다. 진정 자신을 위한 결정을 내릴 줄 알았다. 주변의 소리에 흔들리지 않았다. 다만, 내면의 소리에 귀를 기울였다.

힐러리는 클린턴의 대선 출마 때에도 전적으로 함께했다. 클린턴의 재임 기간에 힐러리는 마치 또 하나의 대통령처럼 비쳤다. 그녀는 그저 백악관에 우아하게 앉아 남편만을 기다리는 여자가 아니었다. 그녀는 자기 일을 만들어나갔다. 소외된 이들을 찾았고, 그들을 위해 일했다. 보다 적극적으로 의견을 듣고 정책에 반영했다. 그렇게 그녀는 남편에게 힘을 실어주었다. '빌 클린턴'이라는 하나의 이름으로 두 사람의 대통령이 일했다. 그녀는 자신만의 방법으로 남편을 세우고 그를 인정했다. 그것이 결국 자신을 위한 일임을 계산하고 있었다.

사람의 됨됨이와 성장을 그릇에 비유하곤 한다. 그릇마다 재료가 다르듯 그릇의 크기도 다르다. 당신의 그릇은 크기가 얼마나 되는가?

: 新사임당 자녀교육 :

누군가를 포용하고 담을 수 있는 그릇인가? 만약 당신의 그릇이 남편의 그릇보다 크다면? 남편이 하는 생각과 결정들이 모두 당신의 성에 차지 않는다면? 당신은 어떤 선택을 할 것인가.

이럴 때 크게 두 가지의 선택지가 있다. 하나는 집을 뛰쳐나가는 것이고, 다른 하나는 남편을 세우는 것이다.

집을 뛰쳐나가는 경우를 보자. 남편의 작은 그릇은 여자를 힘들게 한다. 남편은 내 자식이 아니니 때릴 수도 없지 않은가. 누가 봐도 옳은 것을 굳이 고집을 피우고 자기 뜻대로만 하려고 드는 때가 있다. 이것이 심해지면 여자도 참던 것이 쌓여 폭발하고 만다. 그릇의 크기가 똑같아 서로를 끌어안지 못하고 부딪히기만 한다. 계속 상처가 나고, 종국에는 집을 뛰쳐나가게 된다. 이것은 이혼을 얘기한다. 아이의 문제도 해결해야 한다. 결정 후에는 더 독한 여자가 되어야 한다.

후자는 반대로 남편을 세우는 일이다. 당신은 이것이 가능하다고 생각하는가? 난 불가능하다고 생각한다. 화가 나서 말이다. 그러나 이 대단한 일을 해내는 이들이 있다. 어쩌면 이것은 출산보다 더한 고통일 것이다. 이가 갈릴 수도 있다. 힐러리는 후자를 선택했다. 그녀의 선택이 빛났던 순간이 있다. 빌 클린턴의 성 스캔들 말이다.

그 일은 세상을 떠들썩하게 했다. 미국의 영향력 아래에 있는 온 세상이 주목했다. 클린턴의 실망스러운 사람됨은 온 천하에 알려졌다. 남편에게 실망스러운 순간이었다. 힐러리에게도 쓰라린 순간이었다.

더군다나 딸 첼시도 그 사건을 통해 아버지를 보고 있었다. 남편의 그 릇이 자신보다 작다는 것이 온 세상에 알려진 원치 않던 상황이었다. 이제 세상은 힐러리를 주목했다. 그녀가 어떤 선택을 할지, 그녀의 반응이 궁금했던 것이다.

그런데 말이다. 힐러리는 남편을 세우는 길을 선택했다. 이것이 내가 힐러리를 존경하는 이유다. 그녀의 명석함과 정치적 능력 때문이 아니다. 모든 것이 무너진 자리에서도 자신의 것을 지키고 세우려는 그 억척스러움이 내가 그녀를 존경하는 단 하나의 이유다.

힐러리는 자신의 자존심과 체면은 철저히 희생시켰다. 남편을 세운 그녀의 선택은 곧 가정을 위한 것이었다. 시간이 흐른 지금, 그 선택의 결과가 어찌 됐는지를 돌이켜보자.

그녀는 자신의 남편, 곧 가정을 지켰다. 모든 상황이 정리된 지금 힐러리는, 비록 당선은 되지 못했지만, 미국 대통령에 도전했다. 빌 클린턴의 이름으로가 아니다. 힐러리 자신의 이름으로 말이다.

그녀 역시 신이 아닌 이상 모든 것을 계산하고 한 행동은 아니었다. 하지만 하늘은 그녀의 편이 되어주었다. 그녀의 희생은 곧 자신을 위한 최고의 선택이 되었다.

후자의 삶을 살았던 또 한 명의 여인이 있다. 바로 신사임당이다. 그녀는 친정에서의 생활을 정리하고 서울로 올라가서 아이들을 직접 가르쳤다. 당시는 어느 집이든 아이들의 교육은 아버지가 맡아 하던 때였다. 그럼에도 사임당은 자신이 직접 아이들을 가르쳤다. 그래야 했다. 그녀의 학식이 남편보다 뛰어났기 때문이다. 다른 면에서도 그녀는 남편을 더 앞서 있었다. 그녀의 그릇은 남편의 것보다 더 컸다.

남편의 사람됨은 두 가지의 사건을 통해 드러난다. 첫 번째는 그가 가까이했던 사람들이다. 두 번째는 신사임당과의 사별 후 재혼 사건이다.

남편 이원수는 매사가 분명했던 아내와 달리 무르고 우유부단했다. 그에게는 주변의 평판이 좋지 못한 당숙 이기가 있었다. 벼슬을 얻기 전까지 그는 당숙의 집에 드나들었다. 왜 그래야 했을까? 이기가 정치적으로 높은 위치에 있었기 때문이다. 그를 통해 관직을 얻길 바랐기 때문이다. 스스로의 힘을 기르기보다 힘 있는 이의 삶에 기대고자 했던 그의 사람됨이 드러난다. 훗날 벼슬자리 또한 그 영향이 컸을 거라 추측된다. 그가 가까이했던 이들은 술과 사람을 좋아하는 이들이었다. 이기를 가까이했던 목적조차 벼슬자리 하나를 얻어보려는 마음이 컸던 것이다. 그는 사임당의 만류로 그 집에 드나드는 일을 멀리했다.

사임당은 48세 되던 해 이른 나이에 세상을 떠난다. 그녀는 죽기 전까지 남편의 재혼을 말렸다. 그녀는 왜 그토록 재혼을 말렸을까? 남편을 죽도록 사랑해서였을까?

그것은 이원수의 안목을 보면 이해가 된다. 그는 사람을 가려낼 줄 몰랐다. 높은 안목이 없었다. 자제력 또한 없었다. 재혼은 남편에게만 관계된 일이 아니었다. 새로운 부인의 등장은 아이들에게도 큰 영향을 끼친다. 아이들은 새어머니 아래에서 순종하며 성장해야 한다. 사임당은 남편이 어떤 여자와 재혼할지, 여자의 됨됨이를 미리 알 수 있었다. 사람됨이 좋지 않은 어머니 아래에서 시달릴 아이들의 모습이 그려졌을 것이다.

유정은의 《사임당 평전》을 보면 이원수는 이미 사임당의 생전에 희첩이 있었다고 전해진다. 그 여인은 주막을 운영하고 있었다. 그보다도 나이가 훨씬 어렸다. 사임당이 그토록 재혼을 말렸던 이유는 아이들을 위해서였다. 바르게 잘 자란 아이들이 그런 서모 아래서 괴로워하고 시달릴 것을 걱정했을 것이다.

이 두 가지 사건을 살펴보면서 조선 시대 여인들의 삶이 안타까웠다. 여인들에게만 정절과 지조가 의무화되었다. 질투 또한 법도에 맞지 않았다. 이런 상황에서도 사임당은 남편을 세우기를 마다하지 않았다. 어리석고 무식해서가 아니었다. 그녀는 오히려 자신의 큰 그릇에 남편을 담았다.

사임당은 조선을 대표하는 현모양처다. 이런 그녀가 왜 이원수라는 부족한 사람과 결혼했을까? 앞서 말했다시피 사임당은 집안의 아들

：新사임당 자녀교육：

잡이 딸이었다. 아들이 없는 집에서는 딸을 아들처럼 기르기도 했다. 그래서 그녀는 학문을 마음껏 익히며 자랐다. 하지만 여자로서는 불리한 입장이었다. 게다가 사임당은 그림도 잘 그렸다. 조선 시대에 그림을 그린다는 것은 대우받을 일이 아니었다. 그것도 여자가 말이다.

그녀는 자신을 이해해줄 만한 넉넉한 사람이 필요했다. 그녀의 아버지 또한 이 상황을 받아들여 줄 조금은 허술한 사윗감을 찾았을 것이다.

사임당은 첫날밤이 돼서야 남편의 됨됨이를 확인할 수 있었다. 남편 이원수는 그녀를 받아들일 만한 힘이 없는 존재였다. 여자의 인생은 아버지, 남편, 아들을 통해 세 번 변한다는 말을 부정할 수 없던 시대다. 그녀는 남편을 알아갈수록 실망스럽고 고통스러웠다. 하지만 그녀는 남편을 포기하지도 자신을 포기하지도 않았다. 그저 남편을 세우기 위해 노력했다. 가정을 위해서, 아이들을 위해서, 결국 자신을 위해서였다.

사임당은 남편에게 할 수 있다는 희망의 메시지를 끊임없이 전했다. 결혼 초, 남편과 3년 동안이나 떨어져 생활하기로 결정한다. 남편 또한 굳은 뜻을 세우기를 바랐고, 그러기 위해선 남편이 강릉을 떠나야 했다. 사임당은 그것을 주저하지 않았다. 마음 약한 남편이 가던 길을 세 번이나 돌아왔지만, 그녀는 다시 돌려보냈다.

그녀는 남편이 아이들에게 본이 되길 원했다. 아이들에게 아버지의 역할은 얼마나 중요한가? 그녀는 그것을 알았다. 집안에 질서를 잡기 위해서도 남편은 세워져야 했다. 아이들보다 먼저 관직에 나서야 했다. 집안의 가장 큰 그릇은 바로 가장이어야 한다. 그녀는 이것을 항상 조심했다. 집안에서 남편의 권위를 세워주는 것이 최우선이었다. 가장 중요한 일이었다. 자신이 세운 남편의 밑에서 아이들이 자랄 것이었다.

마지막으로 그녀는 자신을 위해 남편을 세워야 했다. 반평생의 결혼생활 동안 존경할 수 없는 남편을 의지하고 살아가야 한다는 것이 쉬운 일이었을까? 여자로서 정말 힘든 일이었을 것이다. 하지만 그녀는 자신을 위해 더욱 남편을 세워야 했다.

결국 남편 이원수는 관직에 진출했다. 그녀는 남편을 세웠다. 그녀의 고단한 노력 가운데 자녀들은 조선 상위 0.1%의 아이들로 잘 자라주었다. 자녀들에게 최고의 아버지를 선물하기 위한 노력이 헛되지 않았다. 지금까지 알려진 대부분의 작품은 바로 그녀의 결혼생활 중 완성되었다. 남편을 세운 사임당의 선택은 결국 자신을 위한 일이었다.

당신의 가정을 돌아보길 바란다. 당신의 위치와 남편의 위치를 확인하라. 진정 당신이 0.1%의 자녀교육을 하고자 한다면 남편을 먼저 세워라. 그것이 곧 당신 자신을 세우는 일이다.

다름을
인정하라

하루는 친정에 들러 쉬고 있는데 켜져 있는 TV에 시선이 갔다. KBS 예능 프로그램인 〈최강남녀〉였다. 이름 그대로 분야별 최강을 초대해 그중 최고를 가려내는 프로그램이다. 그날은 '메이크업 편'이었다. 메이크업 최강자 여러 명이 참여했다. 이들이 경합을 벌이고 마지막 두 명이 남았다. 20대로 보이는 남성과 여성이었다.

처음엔 메이크업 방법에 관심을 가지고 보기 시작했다. 그런데 시간이 지날수록 이 두 사람의 메이크업은 기술이 아니라 예술처럼 느껴졌다. 이들의 열정이 마치 훌륭한 그림처럼 보였다. 마지막 관문은 똑같은 얼굴의 쌍둥이 자매에게 각각 청순한 메이크업을 완성해 보이는 것이었다. 심사를 맡아줄 전문 아티스트가 등장했다. 그는 경력이 20

넌도 더 된 전문가였다.

둘은 열심히 메이크업을 해나갔다. 두 사람 모두 집중했고 메이크업이 진행될수록 자신만의 노하우가 하나씩 드러났다. 심사를 맡은 전문가는 그들의 노하우에 감탄했다. 오랜 경험이 아니고서는 나올 수 없는 꼼꼼한 기술들을 칭찬했다.

"두 분은 경력이 얼마나 되셨어요?"

"3년 정도요…."

심사를 맡은 전문가는 깜짝 놀랐다. 20년이라는 자신의 경력과 비교했을 때 이들의 3년간의 실력을 믿을 수 없었던 것이다. 놀라웠다. 그분은 겸손함을 발휘하여 이들을 높이고 칭찬했을 테지만, 나 역시 놀랐다. 이들은 전문적으로 메이크업을 배운 것도 아니었다. 그저 취미 삼아 시작하다 전문가에 준하는 실력을 갖춘 것이다. 메이크업은 이들의 직업이 아니었다.

3년이라는 짧은 기간의 실력이 어떻게 방송에 출연할 정도가 되었을까? 그들은 무엇보다 이 일을 좋아했다. 즐기는 마음은 몰입할 수 있는 시간을 스스로 찾아내도록 했다. 스스로 화장을 해보고 비교했다. 누가 시켜서 할 수 있는 일이 아니었다.

방송 말미에는 이들의 개인 활동을 보여줬다. 한 참가자는 블로그를 통해서 활동하고 있었다. 또 한 참가자는 인터넷 방송을 통해서 자신의 메이크업 팁들을 선보였다. 이들은 자신만의 노하우를 사람들과 공유했다. 스스로 즐거운 일들을 열정을 다해 다른 이들에게 전하고 있었다.

이것은 돈을 준다고 해도 쉽게 할 수 있는 일이 아니다. 자발적인 동기로 스스로 몰입하며 깊이 학습하고 그것을 전달하며 영향력을 끼치고 있었다. 이것이야말로 진짜 학습이다. 이들은 진짜 학습을 하고 있었다.

이 프로를 보며 문득 이런 생각이 들었다. '우리가 진정 아이들을 가르치고 있는 것일까?' 아이들에게 해줄 일은 무엇을 가르치는 것보다 아이가 가장 좋아하고 몰입할 수 있는 일을 찾아주고 인정해주는 것이 아닐까 생각했다. 모든 아이가 똑같을 순 없다. 모두 획일적으로 한 가지만 좋아할 순 없는 것이다.

주변에 아버지의 명성이나 부를 이어가야 하는 자녀들을 본다. 그들이 스트레스를 받으며 방황하는 모습들도 보게 된다. 때로는 형제들 중에 뛰어난 맏이를 좇아가기 위해 희생하는 경우도 본다. 설사 목적대로 성공했다 하더라도 내 눈엔 아름다워 보이지 않았다. 그것은 자신의 삶이 아니기 때문이다. 내 삶을 누군가의 틀에 맞추어 사는 것은 아름다운 일이 아니다. 보기에도 불안하기 이를 데 없다. 불행한 일이다.

사임당의 자녀교육을 바라보면서 놀라웠던 한 가지가 있다. 그것은 아이들이 누구 하나 같은 모습이 아니었다는 것이다. 아이들 모두 어머니, 혹은 뛰어난 율곡과 똑같아지려고 애를 쓰지 않았다. 스스로의 삶에서 즐거움을 찾아내고 즐길 줄 알았다.

사임당의 자녀들은 사임당의 자녀다웠다. 그녀의 아이들은 글, 그림, 시, 음악에 두루 능했다. 그녀의 삶이 아이들에게 다양한 자극이 되었다. 아이들은 어머니를 사랑하고 존경했다. 어머니와 똑같아지려고 애쓰지 않았다. 그저 닮고자 했다.

큰딸 매창은 어려서 어머니의 그림을 좋아했다. 닭도 다가와 쪼았다는 사임당의 그림은 어린 매창에겐 닮고 싶은 것이었다. 매창은 어머니의 그림을 따라 그렸다. 하나하나 어머니의 흉내를 내며 그려나갔다. 어머니의 그림을 보고 그리는 동안 매창의 그림이 서서히 나타났다. 이제 사임당의 그림이 아니었다. 매창의 그림이 나타나기 시작했다. 어머니의 그림에서 벗어났다. 매창의 그림은 어머니의 것보다 활기 있고 역동적이었다.

율곡이 훗날 나라의 중대사로 고민하던 때의 일이다. 여진족 무리가 조선에 쳐들어왔다. 하지만 조선은 군사는커녕 군량조차 준비되어 있지 않았다. 국가적 위기였다. 율곡은 누나 매창을 찾아갔다. 그녀는 율곡에게 두 가지 의견을 내놓았다.

첫째, 차별받던 서자제도를 철폐하여 그들이 과거 시험을 볼 수 있도록 하는 것이다.

∶新사임당 자녀교육∶

둘째, 그 조건으로 곡식을 바치게 해야 한다는 것이다.

율곡이 이를 시행하여 차별받던 많은 서자에게 벼슬길이 열렸다. 나라에선 군사와 군량이 충당되었다.

아이들은 어머니한테 인정받은 각자의 다름 속에서 서로의 부족함을 채워나갔다. 각자의 다름은 조화를 만들었다.

율곡은 동생 이우의 거문고 연주를 좋아했다. 사랑했다. 그는 틈이 나면 늘 이우를 불러 거문고를 타게 했다. 그의 연주는 듣는 이들을 감동케 했다. 이우 역시 율곡과 시를 짓는 것을 좋아했다. 이우는 필체 또한 뛰어났다. 필체가 시원시원하고 힘이 있었다. 그의 필체는 어머니의 필체에 많은 영향을 받았다. 모든 것은 어머니의 영향이 컸다는 것을 알 수 있다.

그들은 어머니를 닮고자 애썼다. 어머니를 스승으로서 사랑했기 때문이다. 그럼에도 사임당은 아이들을 자신의 틀에 가둬 자신과 똑같이 기르려고 하지 않았다. 자신이 가진 재능과 능력 안에서 기회만 제공했다. 사임당을 닮으려는 아이들의 노력은 쌓이고 쌓여 자신만의 것들로 나타났다. 자신만의 역동적인 그림이 되고, 웅장한 음악이 되고, 필체가 되어 나타났다.

"부모들은 자신이 정한 틀에 자녀를 끼워 맞춰서는 안 된다. 자식은 신이 주신 것이기에 그저 지켜주고 사랑해야 한다."

사임당은 일곱 아이 모두를 율곡으로 만들지 않았다. 모두 사임당으로 만들지도 않았다. 하지만 일곱 아이 모두 각자의 자리에서 최고가 되었다.

우리는 아이들이 자발적인 학습 동기를 갖고, 스스로 학습하기를 원한다. 그것을 위해 할 일은 바로 아이들의 다름을 인정하는 일이다. 아이들은 저마다 좋아하는 것이 다르다. 두각을 드러내는 것이 다르다. 모든 아이가 똑같을 수 없다.

아이가 싫어하는 것을 하게 하는 것은 바로 최악의 성과에 도전하는 것이다. 아이의 진정한 학습을 원한다면 아이의 다름을 인정하라. 아이는 더디지만 자신만의 최고 성과를 낼 것이다. 스스로 신나서 도전하고 학습할 것이다. 이때 비로소 1%의 인재가 스스로 가능성을 발견할 것이다.

자기 일에
최고가 되라

"한 사람의 어머니가 백 사람의 스승보다 낫다."

_요한 프리드리히 헤르바르트

한 어머니는 백 사람의 스승보다 낫다는 이 말이 비수처럼 꽂힌다. 내 아이, 내 모습을 지켜보고 자랄 아이가 있다. 그 앞에서 내가 어떤 삶을 살아야 할지를 고개 숙이고 반성하게 된다.

일곱 자녀에게 사임당은 백 사람의 스승이었다. 그녀는 자녀들에게 좋은 모델이었다. 그녀는 자기 일에 최고가 되었다. 일곱 명의 자녀는 그것을 보았다. 그리고 그렇게 자랐다.

사임당은 유복한 친정에서 자랐다. 그녀는 아들잡이 딸로서 조선 시대에 차별 없이 훌륭한 교육 환경 속에서 자랐다. 그녀의 친정어머니 또한 아들잡이 딸이었다. 당시 높은 수준의 학문을 공부했다. 사임당 역시 그런 어머니 밑에서 영특한 아이로 자랐다. 네 살 때 천자문을 시작으로 여러 학문과 법도를 공부했다. 그림 또한 알려진 그대로 뛰어났다. 당시 조선의 화가들은 중국의 그림을 베껴 표현하는 정도였다. 어린 사임당은 이것이 진정한 예술이 아님을 깨달았다. 그녀는 자신만의 그림을 그리기 시작했다. 자연 그대로를 자신의 방식으로 그려냈다.

하루는 잔칫집에 들렀다가, 빌려온 치마에 얼룩을 묻히고 난감해하는 여인을 보았다. 사임당은 그녀를 돕고 싶었다. 그곳에 한 폭의 그림을 그려주었다. 위기의 순간에 빌려 입은 치마를 최고의 작품으로 만들었다. 그 치마는 비싼 값에 팔렸다. 치맛값을 물려주고도 남았다. 얼룩진 치마에 그림을 그려낼 생각을 한 기지뿐만 아니라 남의 어려움을 모른 척 지나치지 않는 예쁜 마음까지, 그녀의 지혜와 성품을 확인할 수 있다.

오랜 친정살이를 끝낸 후 그녀는 시댁으로 향했다. 시댁에 온 후 사임당은 어려운 살림살이를 감당해야 했다. 시댁은 친정만큼 부유하지 못했다. 노비 없이 집안일을 손수 해내야 했다.

이제부터가 진짜 그녀의 모습을 볼 수 있는 대목이다. 글, 학문, 그림, 필체 등 흠잡을 데 없이 완벽한 그녀다. 누가 살림까지 잘하기를

: 新사임당 자녀교육 :

바랄 수 있겠는가? 하지만 그녀는 시어머니 앞에서 법도에 어긋남이 없었다. 집안 살림 또한 흠잡을 곳 없이 해냈다.

가난한 시댁살이에서는 한 푼이라도 더 아껴야 했다. 그래서 아이들도 스스로 가르치기로 한다. 그동안 스스로 학문에 게으르지 않았던 덕에 아이들 가르치는 일은 어렵지 않았다. 최선으로 임했던 그녀의 삶은 어려운 순간에 더욱 빛이 났다.

작은 일을 소홀히 하지 않는 사람이 큰일도 잘하는 법이다. 그녀는 작은 것을 소홀히 하지 않았다. 무엇이든 깊이 고민했고 최선의 답을 찾았다. 남편을 세우는 일, 자녀를 세우는 일, 살림하는 일 모든 것에 힘을 다했다. 가족을 위해 항상 희생했다. 누군가의 인정을 받기 위해서가 아니라 그녀 자신을 위해서였다. 그럼에도 모든 영광은 사임당에게 돌아왔다. 결국 사임당이 가족을 세우기 위해 한 일은 자신을 세우는 일이 되었다.

당신도 자기 일에 최고가 되도록 노력하길 바란다. 아니, 마음만이라도 최고가 되길 바란다. 그게 시작이다. 혼자 머리 싸매고 고민하기보단 책을 들고 답을 찾아라. 부부간의 관계, 자녀교육, 집안일 등 모든 일에서 최선의 답을 찾고 시도해라. 그것이 시행착오가 가장 적은 방법이고, 그래야만 주변에 휩쓸리지 않게 될 것이다.

이런 고된 수행을 하면 집안일을 통해 손끝이 야무지게 단련될 것이고, 부부 사이가 좋아져 부부 상담이 가능해질 것이고, 자녀교육을 고민하고 공부하는 동안 교육 전문가가 될 것이다.

모든 상황을 꿋꿋이 견뎌라. 그렇게 부서지고 깨지는 동안 당신의 내면이 성장한다. 당신의 그릇이 더 커진다. 언젠가 다른 사람을 감싸 안아줄 큰 그릇이 되어 있을 것이다. 이것은 당신이 사회에 진출할 때 최고의 자신감이 되고 스펙이 되어줄 것이다.

일하는 엄마라 해도 핑계를 찾기보단 최선을 다해야 한다. 가정이 먼저다. 집이 엉망이고, 아이가 괴로워한다면 일이 손에 잡히겠는가?

내 학창 시절 가장 힘들었던 것은 세심하게 내 손을 잡아준 이가 없었다는 것이다. 우리 집은 맞벌이 가정이었다. 부모님은 두 분 다 항상 바쁘셨다. 그것이 나를 위한 것임을 이해하려고 노력해야 했다. 감사했다. 그렇지만 그 감사함만으로 부모님이 함께해야 하는 자리가 채워지는 것은 아니었다. 부모님은 나의 일상의 기쁨과 슬픔에 함께하지 못하셨다. 지금 생각해보면 그 점이 힘들었던 것 같다.

아이를 위해서라면 내 일마저도 놓을 각오를 하라. 엄마라면 잠깐만이라도 아이를 위한 결정을 했으면 좋겠다. 아이에게 돈으로 해줄 수 있는 것은 어쩌면 가장 가치 없는 것들이다. 돈은 아이를 행복하게 해줄 수 없다. 잠시 즐거움을 줄 뿐이다. 오히려 아이를 더 불행하게 할 수 있다.

사임당은 아이들을 최고의 모습으로 키워냈고 항상 희생했지만, 자신의 삶까지 희생시키진 않았다. 그녀의 가정은 자기 수련의 장이었다. 자신 스스로도 최고가 되었다. 당신의 삶을 핑계로 아이를 소홀히 하지 마라. 아이가 성장하면, 그 앞에서 당신이 객관적으로 평가받아야 할 때가 온다. 당신의 가정에 최선을 다하라!

당신이 최고가 되길 바란다. 최선의 삶을 살길 바란다. 아이에게 바라는 그 모습을 당신이 먼저 살아내야 한다. 아이는 그 모습을 따라 살 것이다. 아이가 가장 힘들어하는 그 순간 아이를 지지하고 응원하라. 아이가 평생 그런 당신을 기억하며 고마워할 것이다. 훗날 '당신은 내게 최고의 어머니였다'는 칭송을 받게 될 것이다. 이 얼마나 값진 말인가. 기꺼이 해내고 싶지 않은가!

조선의 0.1%,
율곡 이이 자녀교육법

아홉 번 장원 급제를 하여 '구도장원공'이라 불렸으며, 조선의 천재이며 진정한 선비이고 충신이다. 《격몽요결》, 《동호문답》, 《성학집요》 등을 남긴 '천재 작가'인 그는 바로 신사임당이 길러낸 율곡 이이다.

그가 처음부터 대학자였던 건 아니다. 그의 아버지는 평범했다. 그는 어머니와 외조모 품에서 교육을 받으며 자랐다. 하지만 그는 조선 최고의 천재 작가이자 정치가, 유학자가 되었다. 이는 그가 늘 가까이 했던 수준 높은 인문학 서적과 어머니를 통한 글쓰기 훈련, 그리고 예술을 즐겼던 그의 삶 속에서 이유를 찾을 수 있다.

나는 지금도 조선의 0.1%였던 율곡에 버금가는 또 다른 율곡이 탄생하길 바란다. 그것은 선천적인 DNA의 힘이 아니었다. 아이에게 무엇을 읽히느냐, 아이에게 무엇을 훈련시키느냐, 아이의 삶을 무엇으로 채워주느냐 바로 그것이었다.

인문학을 읽고 암송하다

> 율곡의 천재성은 어려서부터 빛나기 시작했다. 세 살 때부터 글을 읽기 시작했는데, 어느 날 외할머니가 석류를 가지고 와서 시험삼아 이것이 무엇이냐고 물었더니 율곡은 옛사람이 쓴 시의 "은행껍질은 푸른 옥구슬을 머금었고, 석류 껍질은 부서진 붉은 진주를 싸고 있네"라는 구절을 기억하고 바로 이 시구를 인용해 대답하여 주위사람들을 놀라게 했다.
>
> _《율곡 평전》, 한영우, 민음사

율곡은 세 살 때부터 글자를 깨우치고 글을 읽기 시작했다. 그의 모습이 기특해 할머니가 시험 삼아 석류를 들고서 질문을 한 것이다. 율곡은 글을 그저 읽는 수준에만 머무른 것이 아니라 마음에 담고 있었다. 암송한 것이다.

세 살 난 아이가 어려서부터 천하에 이름을 날리겠다며 스스로 암송했을까? 세 살 난 아이의 암송 비밀은 바로 무의식적인 반복이었다. 그것을 집에서 늘 들어온 것이다. 율곡이 태어나기 전부터 이미 집은 글을 읽는 분위기로 가득 차 있었다. 어머니 신사임당은 말할 것도 없고 서당에 다니는 위의 형들도 늘 글을 읽었다. 율곡은 다섯째였다. 그가 태어나서부터 늘 들어온 구절, 엄마와 형과 누나들이 읽어준 구절들이 그의 머리를 가득 채웠다.

세 살 때 글을 깨친 율곡은 네 살이 되던 해엔 서당에서 스승이 잘못 해석하는 구절을 바로잡아주기도 했다. 형들을 따라 서당엘 다녔는데 다섯 살이 되던 해부터는 다닐 수 없게 됐다. 더는 가르칠 것이 없었기 때문이다. 그때부터 율곡의 교육은 사임당의 몫이 됐다.

율곡은 다섯 살임에도 《소학》과 《논어》, 《맹자》를 읽어냈다. 율곡이 읽은 책은 동화나 동시집이 아니었다. 율곡에겐 동화가 없었다. 율곡이 읽은 책들은 모두 한자로 되어 있었고, 호흡이 긴 인문학 서적이었다. 단어 하나하나가 은유와 비유로 가득 찬 시구들이었다.

내 아이는 이미 세 살을 훨씬 넘겼다고 걱정하지 말아라. 여기서 중요한 것은 아이에게 쉬운 아동 서적보다 인문학 서적을 함께 읽으라는 것이다. 그것을 아이가 머릿속에서 되뇔 수 있도록 반복해주는 것이다.

아이가 읽은 책이 바로 아이를 만든다. 동화를 읽고 자란 아이와 사람을 이해하고 내면을 들여다보는 힘을 주는 인문학을 읽고 자란 아이는 성장 후 가는 길이 다르다. 동화를 읽고 자란 아이는 인문학을 읽고 자란 아이를 넘어설 수 없다.

: 新사임당 자녀교육 :

글을 짓다

"군자는 마음속에 덕을 쌓는 까닭에 마음이 늘 태연하고, 소인은 마음속에 욕심을 쌓은 까닭에 그 마음이 늘 불안하다. 내가 진복창의 사람됨을 보니 속으로는 불평불만을 품고 있으면서도 겉으로는 태연한 척하려 한다. 이 사람이 만약 뜻을 얻게 된다면 나라의 근심이 커질 것이다"

_《율곡 평전》, 한영우, 민음사

쓰면서도 웃음이 나온다. 이것이 바로 일곱 살 난 아이가 지은 글이라면 믿겠는가?

진복창이라는 사람은 율곡의 친구가 아니다. 그는 율곡의 이웃이며 정치적 인물이다. 율곡은 사람의 속을 들여다볼 줄 알았다. 율곡의 예측대로 진복창은 훗날 을사사화를 일으키며 선비들을 해치는 일에 앞장섰다. 그 후 유배지에서 죽게 된다.

율곡의 예리한 시선은 모두 그의 인문학 서적들로 길러진 것이다. 그는 인문학을 통해 날카롭고 예리한 시선을 가지게 되었다.

율곡은 어려서부터 글 짓는 것을 즐겼다. 사임당은 어려서부터 글을 읽고, 시를 짓고, 그림을 그리며 자신이 누릴 수 있는 최고의 것들을 즐거움으로 삼아왔다. 이것은 자녀들에게도 그대로 이어졌다. 첫째 매창은 그림을 잘 그렸고, 막내 이우는 거문고를 잘 타고 그림과 필체 또한 뛰어났다. 아이들은 사임당의 가르침으로 저마다의 것들로 자신을 표현해냈다. 그것은 세상과 소통하는 하나의 방법이었고 분출구였다.

율곡은 글을 짓는 일을 좋아했다. 그것은 자신을 표현하는 일이었으며 갈증을 풀어내는 일이었다. 일곱 남매 중 율곡이 가장 뛰어났던 이유가 글쓰기 덕분이리라 생각한다. 그는 남매 중에서 글쓰기에 가장 열중했다. 글쓰기는 자신을 표현하는 수단 이상의 역할을 한다. 글을 쓰며 깊은 사색에 들기도 하고, 생각 또한 깊어진다. 자신의 글로 답을 찾기도 한다. 글을 쓰면 생각이 정리되고 머릿속에 정리된 것들은 잘 다듬어진 자신의 의견이 된다. 일곱 살 때 쓴《진복창전》은《격몽요결》,《성학집요》와 같은 훌륭한 책을 집필하는 훈련이 되어주었다.

이율곡, 그가 가졌던 애틋한 효심과 백성을 향한 마음들은 그저 머릿속에서만 머무르지 않았다. 행동과 실천으로 드러났다. 인문학과 글쓰기를 통해 본질을 깨닫고 실천하는 힘을 길렀던 그의 훈련의 결과다.

최고의 품에서 성장하다

율곡을 평가할 때 빠지지 않는 한 사람이 바로 신사임당이다. 그녀를 빼고 어떻게 율곡을 평가할 수 있을까? 율곡은 사임당이라는 최고의 품에서 성장했다. 그녀를 최고라고 얘기하는 것은 그녀가 완벽해서가 아니다. 그녀 또한 한 남편의 아내이고, 한 가정의 어머니로서 평범했다고도 할 수 있다. 그렇지만 조선이라는 시대적 상황이 만들어 낸 척박함 속에서도 그녀는 스스로를 최고의 것들로 성장시키며 나아갔다. 삶에 대한 지치지 않는 그녀의 투쟁은 율곡에게 고스란히 이어졌다.

사임당은 율곡의 유년기를 최고의 조기 교육으로 채워주었다. 자신의 삶이 최고의 것들로 채워져 있어서였다. 율곡은 그녀를 따라 인문학 서적을 접했고, 시를 짓고, 최고의 그림을 보고, 음악을 즐겼다. 그녀의 인문학적인 삶은 율곡에게 그대로 이어졌다.

바른 가치관을 심어주는 것도 잊지 않았다. 다른 형제들보다 지혜가 있었던 율곡에게는 더욱 혹독하게 가르쳤다. 그릇된 가치관을 지닌 채 큰 인물이 된다면, 그것은 언제든 그를 무너뜨릴 수 있다는 것을 알았다. 사임당은 율곡에게 지식보다도 바른 가치관을 갖도록 하는 일을 우선했다.

사임당은 율곡에게 단순히 어머니가 아니었다. 어머니 그 이상이었다.《율곡 평전》에서는 율곡에게 어머니는 우상이었다고까지 말한다. 그것은 그녀가 율곡에게 했던 가르침 그대로를 살아냈기 때문이다. 입으로만 하는 교육이 아니라 몸소 그런 삶을 살아냈기에 자녀의 존경을 받았던 것이다.

시묘살이 3년간 책과 함께 지내다

율곡은 어려서부터 효심이 지극했다. 몸이 약한 어머니가 자리에 눕자 제사를 모시는 사당에 가 한 시간씩 기도를 했다. 열한 살이 되던 해엔 아버지가 앓아누웠다. 그때 이이는 칼로 자신의 팔을 찔러 그 피를 아버지의 입에 넣어주었다. 어려서부터 효심이 지극했다.

율곡은 사임당의 시묘살이도 노비를 두지 않고 직접 해냈다. 시묘살이 동안 율곡은 인생의 허무함과 덧없음에 대한 고뇌와 번민을 거듭했다. 이를 안타까워한 친구들이 그를 위로하기 위해 사서오경을 보냈다. 율곡은 3년의 긴 세월을 독서에 전념할 수 있었다. 율곡의 3년 시묘살이는 어머니를 향한 효로 시작되었다. 하지만 누구의 방해도 없는 3년의 독서 기간이 되어주었다.

이 시대의 율곡을 만들어내는 것, 그것은 불가능한 일이 아니다. 신사임당의 교육법을 따른다면 이 시대의 율곡이 탄생할 것이다. 지금도 신사임당의 교육법, 인문학적 삶을 대물림하는 어머니들이 있다. 그들의 자녀는 각 분야를 대표하는 창의적 인재로 자신의 몫을 다하고 있다.

3장

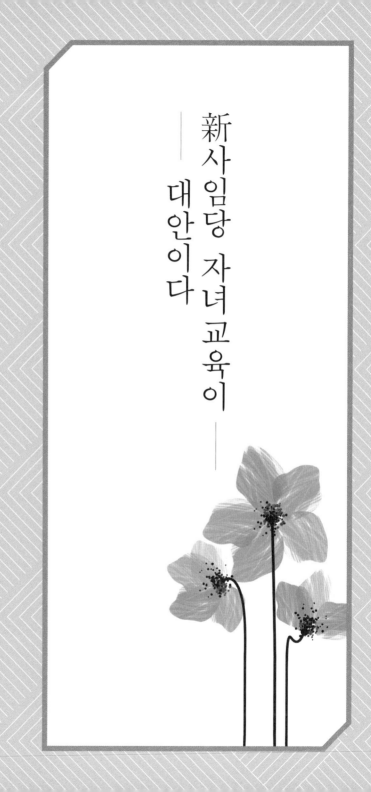

新사임당 자녀교육이
—
대안이다

新사임당
자녀교육이란

모형 비행기를 잘 만드는 아이가 있다. 엄마는 뿌듯하기만 했다. 엄마는 아이가 기술을 계발하도록 뒷받침해준다. 아이가 만드는 모형 비행기는 어느 동네 어떤 아이의 것보다 멀리 날아간다. 엄마는 욕심을 내어 학원에 보내고 과외를 시킨다. 우리나라 최고의 모형 비행기를 만들게 해주고 싶어서다.

드디어 최고의 모형 비행기를 만들었다. 엄마와 아이는 기뻐한다. 그런데 최고가 된 기쁨은 오래가지 않았다. 모형 비행기는 모형일 뿐이었다.

이들은 모형 비행기를 잘 만들면 실제 여객기와 전투기를 만들 수 있을 거라 착각했다. 하지만 모형은 모형일 뿐이다. 아이가 그저 모형을 만드는 교육을 받았기 때문이다. 모형 비행기는 동네 밖을 벗어날 수 없다. 실제로 창공을 날아오를 수 없다. 이것을 아는 이들은 모형 비행기 기술을 배우는 것이 아니라 실제 여객기를 만들고 전투기를 만드는 기술을 배운다.

우리의 교육이 이 모형 비행기와 같다는 생각이 든다. 교육을 받고 대학을 졸업한다고 해도 할 수 있는 일이 많지 않다. 직장에서는 또 다른 교육이 시작된다. 교육은 끝이 없고 이름만 다른 교육을 받으며 비용을 치른다.

모형 비행기가 아닌 실제 비행기를 만드는 교육은 무엇인지 생각해 보았다. 돈을 쏟아붓고, 시간을 투자한 교육이 그저 삽질이 아니라 투자한 만큼의 인재가 나오고, 나라를 책임질 위인이 나오는 교육 말이다.

아이들은 똑같지 않다. 한 명, 한 명 모두 다르다. 경쟁의 도구가 아니다. 끝없는 성공으로 엄마를 만족시키는 무기가 아니다. 아이를 인격적으로 대하는 제대로 된 교육이 필요하다. 그것은 공교육으로는 불가능하다. 아이의 수많은 시행착오를 지켜보면서도 묵묵히 응원해 주고 다른 방법을 함께 고민하고 그 과정에 동참해줄 수 있는 사람, 그것을 적용해줄 단 한 사람은 바로 어머니다. 그래서 아이를 위한 진짜 교육은 가정에서 이루어져야 한다. 검증되고 확실한 가장 효과적인 교육이어야 한다. 진짜 비행기를 만들어낼 수 있어야 한다.

학원을 운영하면서 사교육의 허무함을 수없이 느꼈다. 별것 아닌 부족한 인생이지만 의미가 있기를 바랐다. 내 삶이 쏟아부어지고 있지 않은가. 그래서 그것은 더욱 의미 있어야 했다.

회의감이 밀려왔다. 끊임없이 이어지는 입시라는 이름의 시험 속에서 내 일은 그저 반 학기 시험을 위한 그 이상도 이하도 아님이 느껴졌다. 처음엔 희망차 보이던 아이들의 눈빛 또한 시간이 지날수록 흐려졌다.

우연히 읽게 된 책 한 권이 아이들을 다시 보게 해주었다. 사랑이 변했다는 것이 아니다. 아이들을 위대한 존재로 보기 시작했다. 가능성이 보였다. 아이들의 가능성에 집중할수록 내 인생의 가능성도 보였다.

아이들을 위해 만화로 된 인문고전 전집을 주문했다. 아이들이 거부할까 봐 굳이 만화로 했다. 그리고 함께 조금씩 읽고 필사를 해보자고 했다. 그것을 하지 않으면 난 이 아이들 앞에 최소한의 자격도 없다는 생각이 들었다. 당장 내일 실패하더라도 시도는 해봐야 했다. 아이들 몇몇은 흔쾌히 그러자고 했고 몇몇은 시큰둥했다.

인문고전 필사를 하면서 내가 즐거웠다. 아이들에게 시험 공부를 시키는 것보다 행복했다. 정말 아이들의 눈빛이 조금씩 변해갔다. 하

: 新사임당 자녀교육 :

나둘씩 자신의 꿈을 얘기했다. 그에 대한 실제적인 노력 또한 피하려고 하지 않았다. 아이들이 아름다웠다. 그 꿈은 위대했다.

그런데 아이들의 변화는 늘 한계에 부딪힌다. 나는 그 아이의 엄마가 아니지 않은가. 아이들이 아무리 위대한 꿈을 꾸고 자신을 발견해도 가정에서 그것을 무너뜨렸다. 엄마 스스로의 삶이 위대해 보이지 않으니 아이들도 자신의 삶을 그렇게 대했다. 가난한 집은 가난한 대로 부자인 집은 부자인 대로, 그 다양한 이유로 아이들은 자신을 잃어갔다.

임신이 되자 학원을 운영하기가 버거워졌다. 내 몸이 더는 내 것이 아니었다. 임신기간 대부분을 심한 입덧에 시달렸다. 마치 죽을병에 걸린 환자처럼 느껴졌다. 아무것도 할 수 없었다. 출산과 육아를 고민하며 학원을 놓을 수밖에 없었다. 내 아이는 나처럼 키우고 싶지도 않았다.

그렇게 시간이 흘렀다. 프롤로그에서 밝혔던 호진 어머니한테 전화가 걸려왔다. 모든 것을 버려도 자식을 버릴 수 없는 엄마의 마음이 절절히 전해졌다. 아이의 교육은 아이가 살아갈 미래다. 아이의 인생이다.

우리는 교육 문제에서 더욱 겸손해져야 하고, 신중해져야 한다. 아무렇게나 밀어붙이면 아이에게 강한 열등감과 분노가 쌓인다. 그것은 아이가 성인이 되어 살아가는 데 큰 걸림돌이 되고 만다. 오랜 고민

끝에 내가 얻은 답은 어머니였다. 어머니가 성장하고 변화하는 것만이 아이를 성장시키는 유일한 방법이다.

고민의 끝에서 내게 손을 흔들어준 이가 바로 신사임당이었다. 신사임당의 삶은 바로 성장하는 삶이었다. 그녀는 어려서부터 죽을 때까지 성장하기를 멈춘 적이 없다. 그녀는 아이를 낳고 아이에게 젖을 먹일 때에도 손에서 책을 놓지 않았다. 그녀는 특별한 상황으로 보낸 20년의 친정살이 동안 친정이 있는 강원도와 서울의 시댁을 오가야 했다. 말을 타고 이레가 걸리는 그 길을 다니면서 그 많은 그림과 시를 남겼다. 이는 그녀가 그것을 얼마나 사모하고 즐겼는지를 보여준다.

당시 친정살이를 하거나 그림을 그리는 것은 여자로서 좋은 얘기를 들을 일들은 아니었다. 하지만 그녀는 다른 사람들의 시선이나 손가락질보다 자기 내면의 소리에 더 귀를 기울일 줄 알았다. 그런 용기 또한 있었다.

그녀는 자신의 삶을 인문학적인 것으로 하나하나 채워갔다. 배우고 실천하는 삶, 최고의 것들을 마주하는 삶이다. 그녀는 매일 성장하는 삶을 선택한 것이다. 결혼한 후에도 그녀는 자신의 삶을 바꾸지 않고 이어갔다. 덕분에 아이들은 어머니의 위대한 인문학적 삶을 이어받았다. 아이들에게 어머니는 어머니 그 이상이었다. 그녀는 아이들에게 존경과 선망의 대상이었다. 그녀의 말과 행동은 아이들에게 최고의 교육이 되었다.

신사임당은 강릉에서의 생활을 마무리하며 시댁으로 들어갔다. 어려운 살림을 해내야 했다. 아이들의 교육비도 아껴야 했다. 고민하던 사임당은 결단을 내렸다. 아이들을 더는 서당에 보내지 않았다. 서당은 아이들에게 유일한 공교육이자 사교육의 장이었다. 그녀는 아이들을 직접 가르치기 시작했다. 아이들에게 하루 세 번씩 글을 읽혔다. 지금껏 한 번도 책을 놓지 않은 그녀였다. 아이들을 가르치는 것이 어렵지 않았다. 아이들은 그녀의 말이 아닌 행동을 보고 배웠다. 그녀는 늘 읽었고, 썼다. 그리고 자연을 그렸다. 아이들은 어머니를 통해 배워야 할 것들을 보면서 받아들였다.

또한 그녀는 나랏일에도 관심이 많았다. 안타까운 상황들을 접하면 마음 아파했다. 바로잡아야 하는 것들이 눈에 보였다. 이 역시 아이들에게도 큰 영향을 주었다. 일곱 아이였지만, 그래서 더 좋았다. 큰 아이들이 동생들을 챙기고 가르치기도 했다.

사임당, 그녀의 모습에서 최고의 자녀교육은 바로 어머니 자신의 삶이라고 생각했다. 사임당의 교육을 높이 사는 이유가 그녀 자체의 대단함만은 아니다. 그녀의 교육 방법이 더 큰 이유다.

그녀는 아이들에게 최고의 선생님이 아니라 최고의 본이 되었다. 그녀는 아이들 옆에서 자신 역시 책을 들었다. 늘 글을 썼고, 어떤 날은 책을 베껴 아이들에게 쥐여줬다. 형편이 어려워 책을 살 수 없었기 때문이다.

사임당은 매사에 옳고 그름을 분별했다. 옳지 않은 것은 행하지 않았다. 아이들에게도 마찬가지로 가르쳤다. 학문의 목적 또한 분명히 해주었다. 절대 자신의 이름을 알리기 위한 학문을 하지 말라고 했다.

"蓬生麻中 不扶而直(봉생마중 불부이직)."

_《순자》, 〈권학〉 편

한낱 쑥도 삼밭에서 자라면 삼의 영향을 받아 곧게 자란다는 뜻이다. 아이들에겐 환경의 영향이 중요하다. 교육에서 절대적이라고 할 수 있다. '맹모삼천지교'에 나오는 일화를 보아도 아이에게 환경의 영향력이 어느 정도인지 실감할 수 있다. 사임당은 아이들에게 자신 스스로가 본을 보이며 환경이 되어주었다.

이 시대의 0.1% 율곡 이이를 만들기 위한 교육, 여기에 나는 '新사임당 자녀교육'이라는 이름을 붙였다. 新사임당 자녀교육은 어머니 스스로가 아이의 환경이 되어 아이를 이끄는 교육법이다. 신사임당의 모습을 본으로 이 시대를 살아가고 있는 새로운 사임당들을 위한 지침이다. 또한 아이에게 지식을 강제로 주입하는 것이 아니라 아이 안에 있는 위대한 존재를 발견하고 끌어내는 교육법이다.

아이들의 내면에 있는 위대한 존재를 끌어내는 방법은 신사임당이

：新사임당 자녀교육：

했던 그대로다. 그것은 바로 자녀에게 인문학적 삶을 대물림하는 것이다. 어머니 스스로가 위대한 것들을 가까이하는 것이다. 인문고전, 클래식, 훌륭한 영화, 그림 등 스스로를 돌아보고 자신을 성장시킬 만한 것들로 옷 입는 것이다. 그러면 아이는 가랑비에 옷 젖듯이 누가 시키지 않아도 엄마의 것들로 서서히 물들어간다. 아이 스스로 위대한 것들로 채워간다.

신사임당이 그랬다. 그녀는 스스로가 아이들에게 최고의 환경이 되었고, 최고의 교육이 되었다. 그렇게 그녀의 일곱 아이 모두가 훌륭하게 자랐다. 각자 자신의 자리에서 자기 몫을 다했다.

이 비밀을 알고 있는 새로운 사임당, 新사임당들이 현재도 자신의 아이들에게 적용하고 있다. 이들은 공교육에 모든 것을 의존하지 않는다. 얕은 귀동냥이 아니다. 책을 통해 훌륭한 자료를 모으고, 이를 바탕으로 세운 자신만의 교육 철학으로 아이를 이끈다. 아이를 존재 자체로 인정한다. 절대 아이에게만 성장을 강요하지 않는다. 자신은 더 철저히 내면의 성장을 이루어간다. 그녀들의 아이들 역시 각자의 자리에서 두각을 드러낸다. 이들을 보며 이 시대 율곡의 모습을 품고 있는 것이 아닌가 생각해본다.

이렇게 자라난 아이들은 그저 일등이 되길 바라지 않는다. 일등이 된다는 것이 아이의 행복을 보장하진 않는다. 대체 가능한 인재를 만들어낼 뿐이다. 그래서 늘 불안하다.

新사임당의 자녀들은 다르다. 그들은 일등이 아니다. 오히려 일류 코스를 거부한 이들도 많다. 그것으로 자신의 행복을 판단하지 않는다. 진정 자신이 행복한 일을 발견하고, 그것으로 세상과 소통한다. 그것을 자신의 소명으로 삼아 살아간다. 진짜 행복이 무엇인지를 알고 자신의 행복에 감사할 줄 안다. 여기서 나눔이 나올 수 있다.

창의적 인재 뒤에는 그들의 어머니가 있었다. 그들의 활동 분야가 전혀 달랐음에도 어머니들 간에 놀라울 정도의 공통점이 숨어 있었다. 그녀들은 첫째, 인문학적인 삶을 살았다. 둘째, 자녀를 있는 그대로 인정했다. 셋째, 스스로를 채찍질하면서까지 긍정적인 말을 했다. 그리고 마지막으로, 자녀들과 끊임없이 질문을 주고받고 대화했다.

新사임당 자녀교육은 이 시대의 0.1% 율곡을 만들어내는 교육이다. 교육의 주체는 엄마와 아이이고, 가정에서 서로를 존중하고 존경하며 이끌어간다. 공교육과 사교육을 보완하는 최고의 대안이 될 것이다.

왜 新사임당 자녀교육인가

엄마를 최고의 모습으로 성장시킨다

아이 교육에서 가장 큰 장애물은 무엇일까?

나는 엄마라고 생각한다. 잘못된 판단으로 방향을 제시하고 아이를 그릇된 방향으로 그저 끌고 가는 것만큼 큰 실수는 없다. 엄마의 잘못된 교육 방법은 아이 앞에 가장 큰 걸림돌이 되고 만다. 엄마 스스로가 아이에게 장애물과 걸림돌이 되어서는 안 된다.

아이의 교육에 가장 큰 디딤돌은 무엇일까?

나는 그것 또한 엄마라고 생각한다. 성장하는 엄마는 아이에게 든든한 디딤돌이다. 아이의 교육을 위해서는 엄마가 성장해야 한다.

아이를 낳기 전 한 아동 출판사에서 주최한 강연에 참석한 적이 있다. 이것저것 궁금한 것이 많던 차에 호기심을 가지고 참석했다. 강연자는 높은 직책의 전집 판매사원이었다. 그녀의 아들은 특목고에 재학 중이었다. 사실 강연의 주된 내용이 그것이기도 했다. 표정에서부터 자신감이 가득했다. 이를 바라보는 엄마들의 눈이 반짝거렸다. 그녀가 밝힌 노하우는 이랬다.

본래 그녀는 책과는 관련 없는 일을 하고 있었다. 그러다 결혼을 했고 아이를 낳았다. 손이 많이 가는 시기를 보내고 시간이 많아진 그녀는 전집을 판매하고 강연하는 일을 시작했다. 그녀는 자신이 하는 일의 특성상 늘 책을 읽었다. 아이들 전집이었지만 알아가는 재미가 있었다. 학창 시절로 돌아간 듯 강연 내용을 정리하고 자료를 모으는 일이 즐거웠다. 또한 일을 해야 했기에 수시로 메모했고, 강연을 위해 글쓰기도 공부해야 했다. 자기 일을 통해 그녀는 하루하루를 배우며 살고 있었다. 그렇게 성장하고 있었다.

엄마가 책을 읽으니 아이도 함께 책을 읽었다. 학습지 수업도 병행했다. 수업 중 글쓰기의 중요성을 알았다. 당장 아이에게도 시도했다. 글쓰기를 놀이처럼 유도했다. 책을 읽고 나서 각 주제에 맞는 대화를 이어갔다. 주제에 맞게 정리하는 습관 덕에 아이는 점차 글쓰기 실력이 좋아졌다.

아이의 입학시험에서 환경에 대한 논술 문제가 출제되었다. 엄마와 종종 대화를 나누던 주제였다. 아이는 막힘없이 서술해냈다. 그리고 좋은 성적으로 합격할 수 있었다.

엄마의 성장하는 삶은 아이에게 큰 영향을 끼친다. 아이는 엄마의 삶을 그대로 보고 자란다. 엄마의 책 읽는 습관 하나만으로도 아이의 삶을 바꾸기에 충분하다. 여기선 아동 전집에 대한 내용이지만, 新사임당 자녀교육에서는 인문학 서적을 권한다. 책의 수준은 아이의 수준을 결정한다. 아이 인생의 수준을 결정한다.

新사임당 자녀교육에서는 엄마가 그저 코치의 역할에 머무르지 않는다. 엄마는 인문학적인 성장을 지속한다. 스스로가 인문학적인 삶을 사는 것이다. 이것은 성장하는 일이다. 그릇을 키우는 일이다. 엄마도 배움을 이뤄가는 한 명의 학생이 된다. 엄마와 아이는 같은 학생이고 동지다. 같은 위치와 상황이기 때문에 아이를 무턱대고 눌러댈 수 없다. 공통의 관심사가 많아진다. 배움에서 서로에게 존경의 자세를 취하게 된다. 엄마도 아이도 서로를 인격적으로 존중하게 된다.

아이를 최고의 모습으로 성장시킨다

엄마가 어떤 삶을 살든, 아이에게 절대 대물림하기 싫다는 의지가 얼마나 강하든 아무 관계가 없다. 아이는 예외 없이 엄마의 삶과 태도를 닮아간다. 엄마의 삶이 아이에게 대물림되는 것이다. 슬프게도 아이는 엄마만큼만 자란다.

엄마의 성장은 아이를 성장시킨다. 아이를 성장시키기 위해서 엄마가 먼저 성장해야 하는 것이다. 엄마가 인문학적인 삶을 살아간다면 아이 또한 인문학적인 삶을 살아갈 것이다. 아이는 예외 없이 엄마를 닮아가기 때문이다. 반갑게도 아이는 엄마만큼만 자라기 때문이다.

최고의 창조적 인재들을 보면 어린 시절 인문학 서적을 다독한 것을 알 수 있다. 아이 스스로 도서관에 가서 딱딱한 인문학 서적을 집어 들었을까? 아니다. 창조적 인재들 뒤엔 그들의 어머니가 있었다. 어머니의 영향으로 그들이 인문학 서적을 접할 수 있었던 것이다.

가정을 최고의 모습으로 성장시킨다

엄마와 아이가 성장하면 집안이 성장한다. 가문이 성장한다. 집안을 세우기 위한 대를 이은 노력은 얼마나 멋진가? 케네디 집안을 보면 대통령을 만들기 위한 3대에 걸친 노력이 나온다. 위인은 대를 이은 노력에 의해 나오는 것을 보면 가문이 아이에게 주는 교육적인 환경이 얼마나 큰지를 알 수 있다.

新사임당 자녀교육에는 엄마가 성장하는 방법이 이해하기 쉽게 담겨 있다. 이 책이 당신을 성장의 길로 안내해줄 것이다. 이것이 곧 아이를 성장시키고 가정을 성장시키는 일이다.

교육, 가정에서 시작하라

엄마는 장을 보러 나가셨다. 집에 남은 형제는 블록 쌓기 놀이를 했다. 서로 더 멋진 걸 만들겠다고 경쟁했다. 하나씩 만들면서 자신의 작품을 설명하기 시작한다. 긴 연설을 하고 나자 형은 목이 말랐다. 일어나서 우유를 마시겠다고 냉장고로 향한다. 얼굴은 계속 동생을 향해 있다. 동생에게 아직 설명하지 못한 작품의 기능들을 설명한다. 우유를 컵에 따르기 시작한다.

이런, 우유를 반 컵이나 쏟아버렸다. 동생이 씩 웃으며 다가온다. 형은 웃는 동생을 실망시키기 싫다. 한 번 웃어주고는 발로 밟으며 미끄럽다고 표정으로 얘기한다. 동생은 흥분했다. 둘은 우유를 타고 놀기 시작한다. 남은 우유도 모두 쏟는다. 둘이 놀기에는 부족한 양이다.

형은 냉장고 안에 있던 우유 두 팩을 마저 꺼내 붓는다. 뒷일은 생각할 겨를이 없다. 둘은 우유가 마르도록 스케이트를 타고 논다.

엄마가 집에 도착하신 뒤 어떻게 됐는지는 상상에 맡기겠다.

이것은 우리 남편의 이야기다. 두 형제가 어머니의 속을 뒤집어놓은 경험담이다. 남편은 한 번씩 집 안에서 사고 친 경험들을 꺼내놓는다. 뭐가 그리 즐거운지 아직도 우유를 밟고 스케이트를 타는 듯 웃어댄다.

남편은 집에서 사고만 친 것이 아니었다. 그 안에서 세상을 배운 것이다. 집은 온갖 실험의 장소였다. 이것저것 깨고 부수고, 만들고 또 부수고를 반복했다.

그러다 심심하면 책을 읽기도 했다. 사고를 치며 깨고 부수는 동안 알 수 없는 집요함이 생겼는지 읽고 또 읽었다. 어렵고 딱딱한 내용도 모두 읽어냈다. 놀다 읽다 한 것이 어느새 내용을 모조리 외워버렸다. 훗날 남편은 고등학생이 되어서 공부를 하지 않아도 성적이 좋았다. 시골의 고등학교였다지만 고3이 되어서 이과생 중 1, 2등을 다퉜다.

아이들의 놀이에는 경계가 없다. 어른들은 놀다가 책을 본다고 생각한다. 하지만 아이들에겐 책도 놀이로 다가가면 놀이가 된다.

남편은 학원에 다니지도 않았다. 오히려 거부했다. 기숙사 생활이 싫어서 뛰쳐나오기도 했다. 어머니께서 어릴 적부터 많은 책을 사 읽히셨고, 인내심이 허용하는 안에서는 아이들이 집에서 맘껏 놀 수 있도록 못 본 척해주셨다. 최소한의 간섭, 목숨이 위협받는 일만 빼고 말이다.

나는 교육자 집안이나 명문가가 아닐지라도 아이를 훌륭히 키워낼 수 있다고 믿고 있다. 이 책을 쓰면서 다시 한 번 확신한다. 그 해답은 어머니에게 있다는 것이다. 시작은 가정에서 해야 한다. 아이 교육의 장은 꼭 가정이어야 한다. 그래서 가정에 대해 얘기해보고 싶다. 아이들에게 가정이 얼마나 중요한지 말이다.

여기 내가 소개할 천재 아이 하나가 있다. 그는 세 살 무렵 어머니의 피아노 소리를 듣는다. 그는 앉은 자리에서 즉흥으로 연주를 했다. '학교 종이 땡땡땡'이 아니었다. 쇼팽의 왈츠 곡이었다. 그는 아홉 살이 되어 미국의 최연소 대학생이 되었다. 아홉 살의 나이로 입학한 로욜라대학교를 최우수 성적으로 졸업했다. 그의 나이 열두 살 때 일이다. 졸업을 하고 바로 시카고대학교의 의과대학원에 입학한다.

그의 지능은 측정할 수도 없다. 지능이 200이 넘는다. 측정할 수 없는 저편 어딘가에 있다. 그가 바로 '리틀 아인슈타인'이라 불리던 쇼야노다. 아버지는 일본인이고, 어머니는 한국인이다. 덕분에 미국뿐만 아니라 한국에서도 유명해졌다. 여러 번 TV를 통해 소개되기도 했다. 그의 어머니 진경혜는 책을 통해 자신만의 자녀교육법을 알려주었다.

쇼는 영재학교나 사교육을 통해서 천재가 된 것이 아니었다. 그를 만든 것은 어머니의 허용적인 교육법이었다. 아이의 재능을 제한하지 않고 모든 시도와 도전을 허락해주었다. 정작 쇼를 받아주는 학교가 없어 늘 고민하고 함께 찾아다녀야 했다.

어머니 진경혜의 천재 교육은 바로 가정에서 시작되었다. 아이의 수준이 높아 홈스쿨링을 해야 했기 때문이다. 아이가 학교에 다닐 때도 병행해야 했다. 그녀는 아이를 위해 최고 교육의 장을 허락해주었다. 그것은 바로 가정이었다. 가정 안에서 편안한 마음으로 뛰놀며 배울 수 있도록 해주었다.

아이들의 학습은 놀 때, 신날 때 이루어진다. 자신이 의욕적으로 놀고 신나서 시작할 때 비로소 학습이 이루어진다. 아이들은 그것을 배움이라고 생각하지 않는다. 그저 천천히 몸으로 체득하고 습득해가는 것이다. 아이들은 학교에서도 학원에서도 맘껏 놀 수 없다. 늘 긴장해야 하고 신경을 곤두세워야 한다. 얼마나 재미없고 스트레스받는 일인가. 이런 상황에서는 학습이 이루어질 수 없다.

하지만 가정은 이것을 가능하게 해준다. 가정에서는 놀듯이 쉬듯이 그렇게 학습한다. 노는 것이 배우는 것이다. 그러니 노는 속에서 배우게 하자.

아이는 뒹굴거리다 책을 읽는다. 이것저것 궁금한 것들을 찾다가 또 책을 읽는다. 자막이 없는 영화를 보다가 문득 피아노를 친다. 그러다 또 책을 읽는다. 아이는 노는 것 같지만 배우고 있다. 누구도 간섭하지 않는다.

"왜 영어는 제대로 발음하지 않는 거니?"

"피아노 손가락은 왜 안 세운 거니?"

"책을 읽고 느낀 점은 뭐니?"

가정엔 이런 질문을 하는 이가 없다. 없어야 한다. 영어를 배우는 데 처음부터 발음이 완벽해야 할까? 그저 음악을 즐기는 데 자세와 손가락 세우는 일이 중요할까? 긴장은 즐거움을 방해한다. 책을 읽고 느낀 점을 계속해서 묻는다면 아이는 대답하기 위해 책을 읽어야 한다. 그러면 아이의 시선과 성장의 폭은 극히 좁아질 것이다. 하기 싫어질 것이다. 이러한 방식이 아이의 잠재된 능력을 억압하는 것이다.

아이가 놀면서 긴장이 풀리는 그 순간, 아이의 머릿속으로 배움이 들어간다. 이런 방식으로 체득하고 습득한 것은 잊히지 않는다. 이때 엄마는 가벼운 대화로 아이가 즐거워하는 그것을 함께 즐거워해 주고 칭찬해주고 인정해주면 된다. 그게 전부다. 이것이 아이를 성장시키는 물이고, 햇볕이며, 천연의 비료다.

한 발짝 물러서서 아이를 지켜보고 응원해주는 일은 쉽지 않다. 엄마의 열등감, 낮은 의식으로는 하기 힘든 일이다. 그래서 엄마에게도 이 과정은 중요하다. 아이를 통해 자신을 다시금 들여다보게 해주며 성장의 동기를 만들어준다.

가정은 환경을 바꾸기가 쉽다. 가정만큼 변화가 쉬운 곳이 없다. 단 부부가 둘 다 같은 생각을 가지고 있다는 전제하에 말이다. 아내의 말이 틀리지 않다면 남편은 쉽게 설득된다. 감정에만 휩쓸려 내뱉는 말이 아니라면 말이다. 희망이 없지 않다.

아이의 교육은 정말 쉽지 않다. 아이는 정말 호기심 덩어리다. 하루는 이것에 목을 맸다가 다음 날은 저것에 목을 매기도 한다. 또한 아이마다 성향과 기질이 천차만별이어서 아무리 형제자매라 한들 똑같다고 하는 집을 본 적이 없다. 그래서 아이는 엄마에게 숙제이기도 하다. 적절한 환경과 적절한 떡밥을 준비해 아이가 즐겁게 학습할 수 있게끔 유도해야 하니 말이다.

주변에 아이를 일찍 낳아 기른 지인이 있다. 가까운 사이는 아니었지만 한 번씩 통화하며 안부를 묻고 교육 문제로 고민도 한다. 그녀의 고민은 남편 때문이었다. 남편은 TV를 늘 끼고 살았다. 그녀의 말에 따르면 'TV 중독자'였다. 그녀는 아이를 잘 기르고 싶은 마음에 두어 번 TV를 치우자고 권유했다. 하지만 남편은 요지부동이었다. 그러다 보니 그녀도 어느새 아이들과 함께 TV를 보게 됐다. 횟수가 잦아졌다.

아이들과 TV를 보는 남편의 모습은 그녀의 분노를 조절할 수 없게 했다. 아이들만은 잘 키우고 싶었다. 모든 게 남편 탓인 것 같아 화가 났다. 아이들에게 많은 책을 사주고도 싶었다. 하지만 남편은 그거 없어도 알아서 한다는 근거 없는 생각을 가지고 있었다. 어떤 흔들림도 없었다. 참 당당했다.

듣는 동안 안타까웠다. 그녀도 아이들도 말이다. 나는 위로차 육아서 두 권을 사서 보내줬다.

그런데 기적 같은 일이 일어났다. 남편이 그 책을 읽은 것이다. 책을 읽은 그날, TV는 안방으로 옮겨졌다. TV가 있던 자리엔 책장이 들어왔고 책이 꽂혔다. 그리고 아빠는 아이들에게 책을 읽어주기 시작했다. 물론 한두 권씩이었다. 하지만 변화는 놀라웠다. 그날 이후 가정의 분위기가 달라졌다. 지금도 그 부부는 교육을 고민하면서 아이를 잘 기르고 있다.

가정은 분위기의 변화가 쉽다. 그리고 아이만을 위한 적절한 교육을 하기에 적합하다. 부모 두 사람에 아이들이 전부니까. 그야말로 소수 정예가 가능하지 않은가.

엄마는 최고의 선생님이라는 말을 들은 적이 있는가? 아이를 낳기 전에는 그 말을 표면적으로만 이해하고 공감하지 못했다.

'어떻게 엄마가 최고의 선생님이지? 엄마가 되면 아이들 공부를 잘 가르치게 되나?'

하지만 엄마가 된 후에는 그 말에 전적으로 공감한다. 어떤 선생님도 아이를 엄마만큼 사랑할 수 없다. 교육은 지식을 전하는 것이 아니고 사랑으로 한 발짝 물러서 기다려주는 것이다. 그래서 엄마는 최고의 선생님이다. 아이를 가장 깊이 사랑하기 때문이다. 기다려줄 수 있고, 아이를 존중해줄 수 있다. 모든 허물도 사랑으로 덮어줄 수 있다. 최고의 교육은 바로 기다림과 존중, 사랑이다.

최고의 교육은 가정에서 시작된다. 가정은 아이에게 실험의 장이고, 아이를 위한 환경의 변화가 언제든 가능한 곳이다. 엄마라는 최고의 스승이 함께하고 있다. 당신의 아이를 가정에서 키워야 한다. 주된 교육 장소는 학교도 학원도 아닌 가정이 되어야 한다. 당신의 아이를 위해 최고 교육의 장을 만들어라.

엄마가 성장하면
집안이 성장한다

성장한 가문의 특징을 살펴보는 것이 즐거움일 때가 있었다. 궁금했다. 비밀이 무엇인지 말이다. 여러 이유가 있을 것이다.

내가 찾은 비밀은 바로 어머니였다. 집안 분위기를 이끌고 환경을 바꾸어가며 가족을 변화시킬 수 있는 힘은 어머니가 가지고 있었다. 가족을 변화시키는 어머니는 어떤 사람이었을까?

신사임당 역시 그런 어머니였다. 그녀는 집안 분위기를 이끌었다. 환경을 바꾸며 가족을 격려했다. 그것은 곧 가문의 성장을 의미했다.

그녀는 늘 손에서 책을 놓지 않았다. 일곱 아이를 기르는 동안 손이 많이 가는 젖먹이 시절을 보내면서도 책이 그리웠다. 틈틈이 책을 읽었다. 그것만이 그녀의 숨통을 틔워주는 일이고, 쉼이었다. 한 권, 한 권 현인의 정수가 담긴 책들을 펼칠 때마다 그들과 대화할 수 있었다. 위로를 얻을 수 있었다. 그것들로 자신을 채우고 사색했다. 좋은 글귀나 시는 초서하고, 외웠다. 그 과정 가운데 스스로 성장했고, 그 자체가 되었다.

이 과정들은 사임당 자신에게 본질을 꿰뚫는 통찰력을 선물했다. 잘 다듬어져 날카로워진 눈엔 나라의 불평등한 상황이 보였다. 그러면서도 사랑을 마음속에 품고 살았다.

안타까운 백성들이 눈에 밟혔다. 반상 차별, 남녀 차별, 적서 차별이 그것이었다. 그녀는 그 안타까운 상황에서 그들을 구해내고 싶었다. 그저 감성적으로만 가여워하지 않았다. 그 정도의 안타까움이 아니었다. 그녀는 부당한 차별에 대한 구체적인 대안들을 생각했다. 여자이기에 나설 수 없는 일이지만 늘 마음에 두고 있었다. 그녀는 어머니와 다듬이질을 하면서도 그러한 상황들을 토론했다.

"어진 임금 밑에는 현명한 신하가 있어야지. 우선 노비제도를 없애야 한다. 나라 지키는 병정을 뽑는 것도 그렇지 않느냐. 서출이라고 안 뽑고, 노비 자식이라고 안 뽑고, 사대부 자식이라고 안 뽑고… 노비 자식들을 뽑아서 쓰면 우선 숫자도 넉넉해 좋고, 공훈 세운 노비들에게는 문서를 없애 준다고 해 봐라. 그들이 얼마나 열심히 임하겠느냐. 현룡이 열두어 살만 넘으면 자꾸 이런 이야기를 들려주어라."

사임당과 친정어머니가 다듬이질을 하며 나눈 대화 중 일부다. 물론 소설이지만 두 모녀의 대화는 늘 이런 식이었을 것이다.

사임당과 외조모는 직접 아이의 교육을 맡았다. 그들은 늘 나랏일을 걱정하고 백성을 걱정하며 해결책을 논의했다. 엄마와 함께 공부하고 함께 잠든 아이들은 사임당이라는 안경을 썼다. 엄마의 눈으로 세상을 바라봤다. 자신도 모르게 그 대화에 참여하고 함께 고민했을 것이다. 엄마가 마음을 두는 그곳에 아이들의 마음도 있었다.

아이들이 공부를 하는 목적은 어렵고 타락한 세상을 구하는 것이었다. 나라의 부당한 정책들을 바로잡고 백성이 행복하게 살 수 있는 세상을 꿈꾸며 자랐다. 그런 마음을 품고 자란 율곡이다. 그는 훗날 진정 백성을 위한 정치를 한다. 진짜 백성을 보살피고 위로하는 법을 알고 있었다.

사임당은 자신의 수준을 높임으로써 집안의 수준을 끌어올렸다. 집안을 성장시켰다. 스스로 독서를 통해 통찰력과 혜안을 키웠다. 문제를 정확히 집어낼 줄 알았다. 그것은 늘 아이들과의 토론거리였다. 생각한 대안과 해결책들은 구체적이었다. 아이들의 대화와 토론도 사임당의 수준만큼 이루어졌다. 사임당은 자신의 성장을 통해 아이들 또한 성장으로 이끈 것이다.

엄마가 성장하면 아이가 따라온다. 아빠도 왕따 될까 따라온다. 엄마의 성장으로 질문의 깊이가 달라진다. 날카로운 눈으로 깊은 통찰력으로 질문한다. 사물의 본질을 깨닫고 판단한다. 그것을 실천한다. 집에서 쓸데없는 것들은 걸러지고 제대로 된 습관들, 관습들만 남는다. 집안은 분위기가 점점 달라진다. 바로 집안이 성장하는 것이다. 엄마의 성장은 집안의 성장을 불러온다.

친정과 시댁의 좋지 않은 습관들이나 관념들은 바뀌지 않는다. 나를 통해, 남편을 통해 우리 가정으로 흘러들어온다. 이것을 끊지 않고는 새로운 삶을 살기가 힘들어진다. 새로운 삶을 살고자 해도 옛 습관과 관념이 자꾸만 바짓가랑이를 물고 늘어지기 때문이다. 흘러든 불안과 열등감, 게으름과 짜증들이 자꾸만 주변에 어슬렁거리기 때문이다.

내가 성장해야 한다. 집안이 변하길 기다려서는 안 된다. 기다리기만 하다 보면 아이는 어느새 다 자라버릴 것이다. 내가 달라져야 한다. 내가 먼저 시작하지 않으면 집안에 변화는 없다. 성장이 없다. 내가 성장하고 변화하지 않으면, 내 아이도 내가 해결하지 못한 어두움들을 안고 살 것이다.

아이는 엄마의 성장을 기대하고 있다. 사실 누구보다 엄마의 성장을 기대하고 있다. 엄마가 유명한 사람이 되길 바라는 게 아니다. 엄마를 존경하고 싶어 한다. 엄마를 더 사랑하고 싶어 한다. 자신이 존경할 만한 무언가를 기대한다. 엄마는 자신이 자라날 훗날의 모습임을 본능적으로 알기 때문이다.

아이를 사랑한다면 성장하라. 아이에게 무언가를 해주고 싶다면 자신의 성장을 선물하라. 아이가 성장하고 집안이 성장할 것이다. 이것이 아이를 위한 최선이다.

환경을
바꿔라

베트남 전쟁이 종반으로 치닫던 1971년 가을이다. 베트남에 주둔한 미군 병사들은 대부분 약물에 중독되었다. 미 연방정부는 베트남에서 돌아온 병사들의 약물중독 실태를 조사하도록 지시했다. 이 중 절반은 마약에, 다섯 중 한 명은 헤로인에 중독돼 있었다.

이듬해 인터뷰 조사를 다시 했다. 전쟁 후 돌아온 병사는 898명이었다. 재조사에서 마약에 중독된 사람은 2%, 헤로인에 중독된 사람은 1%로 나타났다. 소변 채취까지 하여 얻은 결과다. 많은 중독자가 치료 없이 자연치유되었다.

이들의 자연치유는 어떻게 일어난 것일까? 우리나라에서는 해마다 금연광고를 하고 금연 프로그램을 진행한다. 하지만 담배를 끊는다는 게 어디 쉬운가? 하지만 이것은 마약이다. 중독성이 더 강하다는 얘기다. 이들에게 자연치유가 일어난 이유는 뭘까? 그 답은 바로 환경, 다시 말해 환경의 변화였다.

베트남에서 미군 병사들이 마약에 중독된 원인은 바로 환경이었다. 전쟁이라는 극도의 스트레스 속에서 마약은 모든 것을 잊게 해주었다. 게다가 구하기가 쉬웠다. 주변엔 마약에 중독된 동료들로 가득했다. 누군가는 한 번의 호기심으로 시작했을 것이다. 그다음 누군가도 호기심을 갖게 됐을 것이다. 이어지는 이들의 시도로 지속적인 마약 환경에 노출된 것이다. 그러던 것이 어느새 중독이 되었다. 원인은 환경이었다. 마약에 지속적으로 노출됨으로써 이들은 환자가 되어갔다. 하지만 이들의 치유 원인도 역시 환경이었다. 이들은 전쟁 직후 고국으로 돌아갔다. 전쟁이라는 긴박한 상황에서 벗어났다. 마약은 구하기가 힘들어졌다. 함께했던 동료들도 흩어졌다. 그들은 달라진 환경 속에서 자연스럽게 중독에서 벗어난 것이다. 강동화의 《나쁜 뇌를 써라》에 소개된 일화다.

요즘 아이들 또한 다르지 않다. 여러 가지 중독에 빠져 있다. 아이들은 전보다 손에 쥔 유혹거리가 많다. 어쩌면 아이들은 베트남전에 나갔던 미군 병사와 같을지도 모른다. 극도의 스트레스를 가지고, 마약과도 같은 진정제를 손에 쥐고 있다. TV, 스마트폰, 게임 등이 그것이다. 하지 않으면 버티지 못하지만, 오히려 지속함으로써 짜증이 늘고 스트레스를 받는 것이다. 이것이 바로 중독이다.

중독에서 빠져나오게 할, 유일하면서도 가장 강력한 방법은 환경이다. 바로 환경의 변화다. 환경은 습관을 바꾸고, 생각과 의식을 바꾸고, 결국 사람을 바꾼다. 환경의 변화만큼 사람을 크게 바꿀 수 있는 것은 없다.

사임당의 남편 이원수는 처가살이 중에도 사람 좋아하고 술을 좋아했다. 여러 모임과 잔치에 빠지지 않았다. 그 틈에서 벼슬자리를 얻어보려는 마음이 있었다. 학문에는 뜻을 두지 않았다. 사임당은 그런 남편에게 화가 나고 애가 탔다. 수차례 타이르고 설득했다. 하지만 그는 달라지지 않았다.

그녀는 큰 결심을 했다. 그가 가진 모든 환경을 바꿔야 했다. 그는 자신의 남편이면서 아이들의 아버지기도 했다. 그녀는 남편의 입지를 위해 이별을 선언한다. 그것도 10년이다. 그가 머물던 강릉은 이미 그에게 술이고 친구였다. 남편의 환경인 강릉을 바꿀 순 없었다. 남편의 의지만으로 강릉에서 변화될 수도 없었다. 그의 학문은 그곳에선 불가능했다. 사임당은 단호해야 했다. 남편을 세우는 일은 아이들을 위해서, 또 자신을 위해서 가장 중요했다.

강릉을 바꿀 수 없는 그녀는 남편을 떠나보내기로 결정한다. 남편에게는 다른 환경이 필요했다.

속이 무른 이원수는 고개도 넘지 못하고 세 번을 되돌아왔다. 급기야 사임당은 가위를 꺼내 들었다. 자신의 머리를 잘라버리겠다고 한 것이다. 조선 시대에 여자의 머리가 어디 스타일 하나 바꾸는 것에 불과했으랴. 여자에게 머리는 목숨과도 같다. 그토록 무른 이원수도 사임당을 이겨낼 수 없었다. 그는 사임당의 뜻을 따르기로 했다. 선택의 여지를 주지 않았으니 말이다. 마침내 그녀는 그의 환경을 변화시켰고, 그것은 그를 변화시켰다.

아이들에게도 교육적 환경이 필요했다. 사임당에게도 일곱이나 되는 아이들은 힘겨웠다. 스스로 아무것도 할 수 없는 젖먹이 아이를 둔 시절에는 특히 더 고달팠다. 하지만 육아가 조금이라도 수월해지면 늘 책을 들었다. 사색하고 초서했다. 붓을 들고 정갈한 마음으로 그림을 그렸다. 그것만이 자신이 살아 있다는 것을 느끼게 해주는 최고의 무엇이었다. 그것이 바로 아이들의 환경이라는 것을 알았다.

사임당은 많은 독서와 사색으로 생각이 깊었다. 아이들과의 대화는 수준이 달랐다. 현인들의 책을 인용했고, 대화를 하고 나면 자신이 깨달은 깊은 진리를 더 깊이 깨달았다. 또한 그것을 실천했다. 그녀는 자신의 수준을 높이는 것으로 아이들의 환경의 질을 높여주었다.

그녀는 아이들에게 최고의 환경을 허락해주었다. 그녀 자신이 아이들에게 최고의 환경이길 자처했다.

요즘 거실에 TV를 없애고 도서관처럼 꾸민 가정을 많이 본다. 한번은 지인 댁을 방문한 적이 있다. 그곳도 역시 거실이 도서관이었다. 그녀가 자신의 교육 비결을 얘기했다. 그녀는 저녁이 되면 질문거리를 하나씩 생각해놓는다. 밥상머리 교육의 중요성을 알았기 때문이다. 그녀의 질문은 쓸데없는 내용이 아니다. 책에서 본 내용, 사회적 이슈, 스스로 궁금했던 내용을 아이에게 질문한다. 그녀 역시 독서량이 상당했기에 가능했다. 아이는 끊임없이 고민하고 생각한다. 어떤 날은 고민만 하다 결론도 없이 끝난다. 며칠 후 그 질문의 답을 생각해 오기도 한다.

이 가정의 모습이 보기에 아름다웠다. 엄마가 먼저 책을 읽고, 깨닫고, 얻은 내용으로 수준 높은 대화를 해나가며 아이의 수준을 한층 끌어올려 주는 것이다.

이것을 위해 명심해야 할 엄마의 물밑작업이 있다. 아이가 무엇을 얘기하든 긍정하고 받아주며 자유로운 토론 분위기를 만들어줘야 한다는 것이다. 물론 엄마의 수준은 이미 한 단계 위에 있어야 한다. 그때 비로소 아이에게 더 깊은 사색이 가능하도록 질문을 던져줄 수 있다. 준비된 엄마 밑에선 아이가 허투루 자랄 수 없다. 아이는 이미 논술과 구술 면접을 준비하고 있는 것이다.

재민은 늘 집에 가면 컴퓨터 앞에만 앉아 있다고 했다. 하루를 게임으로 시작해 게임으로 마무리한다. 중학생이나 된 아들이 게임만 하고 있으니 부모는 답답하기만 했다. 재민 어머니의 상담 내용은 늘 똑같은 얘기다.

그런데 사실 재민은 그리 문제 되는 아이가 아니었다. 학원에 도착하면 하루 있었던 일이나 느꼈던 감정을 얘기한다. 그러고는 또 신나서 문제도 풀고 질문하고 집으로 돌아간다. 내가 본 모습과 어머니가 본 모습이 달랐다.

따로 시간이 되어 재민을 불렀다.

"너 집에서 게임 많이 하니?"

"…네."

부끄러운지 고개를 숙이며 대답한다. 분명 이 녀석도 할 말은 있을 것이다.

"왜 그렇게 게임을 많이 해?"

"집에 가면 맨날 똑같아요. 답답하고. 공부하라고만 하고, 화만 내요."

가만히 이야기를 들어보았다. 부모님은 책을 읽거나 다정히 대화하는 모습을 전혀 보여주지 않았다. 아이만 다그쳤다. 그러다 둘이 싸우게 되는 날도 많았다. 아이는 집에서 전쟁 중인 병사가 되었다. 긴장 속에 있어야 했다. 스트레스를 받았다. 아이가 찾은 마약이 바로 게임이었다.

이 아이를 변화시킬 수 있는 것은 사실 부모님의 변화다. 더 정확히는 어머니의 변화다. 어머니는 아이의 교육적 환경이 되길 자처해야한다. 어머니가 책을 읽어야 아이가 읽는 척이라도 한다. 어머니가 차원 높은 대화를 시도해야 아이도 받아칠 수 있다.

종종 아이들의 이야기를 들어보면 어머니의 이러한 모습들로 엇나가는 경우가 많다.

"자기는 드라마 보면서 저한테는 책보라고 해요. 진짜 짜증 나요."

하소연을 하는 아이의 눈에 눈물이 그렁그렁하다. 사실 나는 이 말을 들으면서 '이게 울 일인가?' 하고 생각했다. 귀여워서 속으로 웃음도 났다. 하지만 웃을 수 없었다. 아이는 너무 진지했다.

아이들은 순수하다. 별거 아닌 일이라 생각할 사소한 것에서도 엄마의 마음을 귀신같이 알아챈다. 우리 엄마가 얼마나 진실한 사람인지, 앞뒤가 맞는 사람인지 아닌지, 믿어도 되는지 그렇지 않은지, 간도보고 맛도 본다. 그런데 믿고 싶다. 우리 엄마니까.

아이를 위해 해야 할 일은 그저 환경을 바꿔주는 것이다. 환경의 변화야말로 아이를 제대로 변화시킨다. 매일같이 답답하기만 한 집 꼴에 변하지 않는 부모의 말투와 태도로는 아이에게 괴로움을 줄 뿐이다.

아이를 진심으로 사랑한다면 먼저 자신을 바꿔라. 아이는 엄마의 성장을 기대하고 있다. 기다리고 있다. 자신을 바꾸는 일이 아이의 환경을 바꾸는 것이다.

　많은 돈을 들여 키운다고 자식이 고마워하는 게 아니다. 정말이다. 아이가 진심으로 행복할 때는 엄마의 사랑을 느꼈을 때다. 그리고 엄마를 믿을 만하다고 생각할 때, 존경할 만하다고 생각할 때 아이의 얼굴에 자부심이 드러난다.

4장

新사임당이 되는 7가지 단계

당장 학원부터
끊어라

아이를 낳고 알게 된 친구가 있다. 하루는 아이를 안고 우리 집에 놀러 왔다. 둘 다 전공과 관계없이 사교육에 종사했던 터라 아이를 어린이집에 보낼 것이냐 말 것이냐 하며 대화를 나눴다. 그러던 것이 학원에 보낼 것이냐 말 것이냐 하며 사교육 시장의 문제까지 얘기하게 됐다.

이 친구는 위로 오빠가 하나 있다. 오빠가 공부를 잘했기에 어려서부터 늘 비교를 당했다. 오빠와 친구는 똑같은 학원에 다니고 똑같은 교육을 받았지만 결과는 늘 달랐다. 친구는 스트레스를 가득 안고 살았다.

어느 날 학교에서 돌아오던 길에 그만 교통사고를 당했다. 다리가

: 新사임당 자녀교육 :

부러진 사고였다. 친구는 졸지에 깁스를 해야 했다. 친구 어머니는 몹시 놀랐다. 열 일 제치고 아픈 딸의 옆을 지켜주었다. 아이의 교통사고가 마음 깊이 박혔던 모양이다. 친구는 학교는 물론이고, 다니던 학원도 그만뒀다. 돌아올 시험이 마음에 걸렸지만 어머니도 어쩔 수 없었다.

학교에 못 나가는 동안 숙제를 받았다. 선생님은 문제집을 골라 풀어오라고 하셨다. 그래서 어머니와 서점으로 향했다. 집에서 함께 문제집을 풀기 시작했다. 중학생이나 되어버린 딸아이의 공부를 가르칠 순 없었다. 하지만 열성적으로 함께해주셨다. 아픈 아이에게 해줄 수 있는 게 많지 않았다. 문제집을 풀고 공부하는 것이라도 더 챙겨주고 싶으셨을 것이다. 친구의 성적은 하위권이었다. 공부하는 게 즐겁지도 않았고, 늘 비교당해 더 싫었다.

그런데 사고 후 어머니는 문제집을 풀면서 옆에 있어 주고 챙겨주셨다. 알게 된 것들을 반대로 어머니께 설명했다. 공부가 재미있게 느껴졌다. 어머니와 함께하는 시간이 즐거웠다. 어머니한테서 오빠와의 비교가 아닌 오로지 자신만을 향한 사랑을 받았다. 그런 가운데 문제집을 함께 풀었기에 공부에 대한 긍정적인 마인드가 자리 잡았다. 더불어 자신감도 생기고 '나도 열심히 하면 되겠구나!' 하는 생각을 했다.

깁스를 풀고 학교에 나오면서 친구는 그 전과는 다른 삶을 살게 되었다. 학교 성적이 놀랍게 달라졌다. 늘 하위권에 머물렀던 성적이 점점 올랐다. 중3 때는 전교 상위권까지 올랐다. 친구는 결국 늘 비교당하던 오빠보다도 공부를 잘하게 되었다.

우스운 얘기지만 친구의 오빠에게도 깁스를 할 수 있는 시간이 허락되었다면, 그것으로 어머니와의 개인적인 시간이 허락되었다면 더 도약할 기회가 있지 않았을까. 엄마의 교육에 대한 세심한 관심이 남매 안에서도 큰 차이를 만들어낸 것이다.

이것이 친구가 사교육을 반대하는 이유다. 가장 간단한 원리를 두고, 돈과 시간을 들일 이유가 없다는 것이다. 학원에 다녀도 변화가 없던 자신이 엄마의 관심과 수고로 공부에 재미를 가졌고, 또 성적이 일취월장했다. 공부의 시작은 관심과 재미일 뿐이다. 그것은 집에서 놀면서도 충분히 할 수 있는 것이므로 사교육 시장에 아이를 몰아넣으면서까지 억지로 시키고 싶진 않다고 한다.

유치원 아이들에게 카메라를 쥐여줬다. 일상을 카메라에 담아오도록 했다.

일주일이 흘렀다. 아이들이 일주일 동안 보고 생활한 일상은 삭막한 콘크리트 세상 그 자체였다. 아이들은 뛰어놀 공간이 없었다. 자연과 함께 생활할 수 없었다. 요즘은 대부분이 맞벌이를 하다 보니 아이를 누군가에게 맡기거나 어린이집에 보낸다.

"할머니가 위험하다고 놀이터 못 나가게 해요."

베란다에서 놀이터를 바라보고 있는 아이의 대답이다.

EBS〈다큐프라임〉'미래를 바꾸는 교육: 1부 자연, 성장의 밑거름'의 일부다.

이 프로를 보면서 아이들을 더 이해할 수 있었다. 어린 시절을 꽉 막힌 환경에서 보냈을 테니 말이다. 시골이라고 예외는 아니다. 맞벌이 가정이 많고, 아이들은 부모님이 귀가하는 시간까지 학원 스케줄이 꽉 차 있다. 9시까지 사이사이 학습지를 풀거나 숙제를 해야 해서 쉴 틈이 없다.

학원에 들어온 아이들은 꿈이 없다. 꽉 막힌 콘크리트 속에서 자란 탓이지 싶다. 자연과 함께할 틈도 없다. 무언가를 시도해보고 도전해볼 틈이 없다. 그렇게 입시 교육이 시작된다. 그래서 아이들은 하고 싶은 게 없다. 꽉 막힌 속에서 아이들은 꿈꿀 수 없다.

강원도의 한 탄광촌. 마을 주민들은 공동주택을 이루고 살았다. 집이랄 것도 없는 투박한 건물들은 'ㅁ' 자 형태를 띠었다.

부모님이 일하러 가시면 아이들은 공동주택 운동장에 모여 놀았다. 부모님 모두 일을 나가신 후엔 마땅히 할 일이 없었다. 아이들이 경험할 수 있는 일과 보는 것은 그 네모난 세상 안에서 이루어졌다.

어느 날 학교에서 아이들의 장래 희망을 조사했다. 아이들은 하나 같이 '비행기 조종사'라고 답했다. 선생님이 이상하게 생각하고 고민해봤는데, 떠오르는 것 하나가 아이들의 환경이었다. 아이들은 건물로 빙 둘러싸인 공간에서 볼 수 있는 게 없었다. 그저 하늘을 올려다보면 보이는 것은 '비행기'뿐이었다. 그래서 아이들의 꿈이 비행기 조종사일 수밖에 없었던 것이다.

웃으며 들었던 이야기인데, 돌이켜보니 무척 슬프다. 아이의 경험과 환경이 아이의 꿈에 얼마나 큰 영향을 끼치는지를 여실히 보여준다.

아이들의 꿈을 물으면 가수나 축구 선수가 대부분이었다. 아이들은 가수나 축구 선수를 실제로 본 것이 아니었다. 시골 아이들에게 가수와 축구 선수의 활동 모습은 그저 TV로만 볼 수 있다. 아이들은 한정된 공간 안에서 TV를 통해 보이는 것으로 꿈을 결정한다. 직접 경험할 수 있는 것은 한정되어 있다. 책을 멀리하니 간접 경험 또한 한정적일 수밖에 없다.

아이들에겐 놀 시간이 필요하다. 학교에 다녀온 후 학원을 빙글빙글 돌다가는 시간이 부족하다.

아이가 태어나서 집에서만 자라다가 어린이집에 들어가고 학교에 들어간다. 그리고 남은 시간은 학원에 간다. 놀 시간을 모조리 그렇게 해치운다. 엄마는 아이를 돌볼 시간이 없으니 엄마가 퇴근하기 전까지 아이의 시간에 빈틈이 생기면 안 된다. 그러다 중학교, 고등학교에 간다. 시간이 없기는 마찬가지다. 대학에 들어가고 취직을 하기 위해서는 또 도서관에 박혀 있어야 한다. 모두 아이를 비교하고 서열을 매

： 新사임당 자녀교육 ：

기며 자유를 빼앗아가고 경쟁을 유도하는 곳들이다.

아이는 언제 세상을 배울 수 있을까? 언제 세상을 제대로 볼 수 있을까? 아이의 호기심은 언제 무엇으로 채울 수 있을까? 아이들에겐 진짜 자유가 필요하다. 무엇이든 만지고 비비고 탐색해볼 수 있는 시간과 장소가 필요하다. 그때 아이의 영재성이 길러지고 뇌가 학습을 할 수 있다.

책을 잡으면
아이가 잡힌다

"여보, 아이를 제대로 키우려면 육아서를 20권은 읽어야 해."

아내의 몸은 극도로 약해졌다. 어려운 살림이었다. 당장 병원비도 없고, 아이 분윳값마저 없었다. 그는 아무것도 준비가 되어 있지 않았다. 아이를 어떻게 키워야 할지 병원비는 어떻게 감당해야 할지 말이다. 그런데도 아내는 책을 읽으라고 한다. 여러 일을 해야 하는 상황에서 어떻게 책을 읽으란 말인가.

그런데 문득 "내가 배움이 짧아 너희를 제대로 가르치지 못했다. 먹고살기 힘들다는 핑계로 말이다. 내가 글만 알았더라도 너희에게 책을 읽어주었을 텐데…"라시던 결혼 전날의 아버지 말씀이 떠올랐다.

: 新사임당 자녀교육 :

이상화의 《하루 나이 독서》에서 접했던 장면이다. 그는 책을 읽으라는 아내의 요구를 받아들인다. 아니 받아들이는 척했다. 그런데 아내는 진심이었다. 아내는 당장의 생계보다도 아이의 교육을 걱정하고 있었다. 그것은 바로 아이의 희망이고 미래였다. 힘들다고 아이의 것을 놓치고 싶지 않았다. 책을 꺼내 조금씩 읽기 시작했다. 어느새 그것은 취미가 되었다.

그는 책을 읽으면서도 아이를 어떻게 교육해야 할지 몰랐다. 하지만 그가 한 권씩 꺼내 든 자녀교육서가 그에게 방향을 알려주었다. 지혜를 주었다. 어려운 살림 속에서도 책이 중요하다는 것을 알았기에 발품을 팔아가며 버려진 전집을 구해왔다. 아내도 중고책을 구해 읽혔다.

하나하나 아이에게 적용하고 또 적용했다. 시행착오를 거치며 노력하는 모습들은 눈물겨웠다. 그렇게 재혁을 키웠다. 사교육 하나 없이. 재혁은 마침내 국제중에 입학했다.

아이가 걷기 전 이 책을 읽었던 것 같다. 손에 쥔 순간부터 놓을 수 없었다. 단숨에 읽어내렸다.

그는 생계마저도 위태로운 형편이었다. 투잡, 쓰리잡을 하면서도 잠을 줄였다. 책을 읽어야 했다. 자식에게만은 자신의 삶을 물려줄 수 없었다. 아이에게도 책을 읽혀야 했다. 아파트 재활용 수거 날 책을 주워오는 장면을 읽고는 슬며시 눈물이 흘렀다.

삶은 참 처절하다. 내 아이를 위해 결정한 교육 속에서 아이는 자라고, 살아간다. 부모의 선택은 아이의 인생을 결정하고 만다. 그래서 최고의 선택을 해주어야 한다. 엉터리처럼 살아온 삶을 아이에게만은 대물리고 싶지 않은 것이다. 더 나은 삶, 더 행복한 삶, 더 가치 있는 삶을 살게 해주고 싶다. 그것이 부모의 마음이다. 가난한 삶 속에서도 아이 인생의 희망, 바로 아이의 책만은 절대 놓지 않았던 재혁 아빠의 모습은 뜨겁게 아름답다.

여섯 살이 된 여자아이가 다니던 유치원을 옮겨왔다. 아이는 여섯 살이 된 그때까지 부모와의 의사소통이 힘들었다. 아이에게 원하는 것을 사주러 마트에 들르면 울고 나오기 일쑤였다. 아이의 말을 알아듣지 못해 원하는 장난감을 찾아주지 못했기 때문이다.

주변의 권유로 병원을 방문했다. 여러 가지 검사가 시작되었다. 언어 능력에 문제가 있다고 판단을 내리고 언어치료가 시작되었다. 엄마는 걱정이 이만저만 아니었다. 발등에 불이 떨어진 것이다. 곧 학교도 들어가야 했다. 그래서 급기야 유치원을 옮겨온 것이다.

아이는 석 달 사이 몰라보게 달라졌다. 아이가 들어간 유치원에서 아이를 유심히 관찰한 원장님이 매일 아이를 앉혀두고 책을 읽어준 것이다. 같은 책을 반복해 읽어주었다. 아이는 글자도 읽기 시작했다. 석 달 전까지 언어치료를 받던 아이가 말이다.

: 新사임당 자녀교육 :

그 이유가 무엇이었을까? 그 집에 아이를 위한 책은 채 몇 권이 안 됐다. 아이의 엄마는 아이에게 관심이 없었다. 그럴 만한 여력이 없었다. 일하는 엄마였지만 직장생활도 순탄치 않았다.

쓰면서도 마음이 아프다. 힘들었을 엄마를 생각하니 더 그렇다. 본인 또한 한 부모의 자녀였을 것이고, 사랑의 결핍이 있었으리라. 무언가 깊은 상처가 있었기에 그 여파가 연약한 가족에게까지 미쳤으리라. 얼마나 힘들었으면 아이마저 신경 쓰지 못했을까.

하지만 백번을 생각해도 아이 앞에선 무엇도 핑계가 될 수 없다. 그것은 바로 아이의 인생이기 때문이다. 아이는 엄마만을 바라보고 있다. 둥지 안에서 입을 벌리고 어미 새를 기다리는 아기 새들처럼 말이다. 내가 조금 편하자고 "엄마를 이해하렴. 그냥 너도 나처럼 똑같이 살아가렴"이라고 말할 수 있겠는가? 절대 아니다. 내가 만난 엄마 중 자신과 똑같이 살길 바라는 엄마는 단 한 명도 없었다. 엄마들의 진짜 속마음은 그렇다. 자신보다 행복하게, 더 가치 있게 살길 바라는 게 모든 엄마의 마음일 것이다.

엄마는 마음을 단단히 동여매야 한다. 아이 때문에라도 달라져야 한다. 아이의 치료는 병원이 아니라 가정에서 이루어져야 한다. 아이는 병원에서의 치료를 원하는 게 아니다. 부모의 관심과 대화를 원한다. 아이가 원하는 것을 함께 해주는 그것이 최고의 치료다.

엄마도 삶을 힘겨워하는데 아이라고 다를 수 있겠는가? 아이는 엄마를 보고 그대로 자란다. 엄마는 아이의 거울이라고 하지 않는가. 엄마의 삐뚤어진 안경으로 세상을 보고 그대로 자라난다. 엄마가 먼저 안경을 고쳐 써야 한다. 제대로 된 방법으로 바라보고 제대로 된 길을 찾아야 한다.

이것이 우리가 달라져야 하는 충분한 이유 아니겠는가. 아이에 대한 책 몇 줄 읽는 게 그리도 힘든 일일까? 아이를 위해 고민하고 사는 것이 그리 힘든 일일까? 아이를 위해 결심하라.

사교육 없이 아이를 제대로 키우는 비결은 엄마가 책을 읽는 것이다. 아이는 엄마만큼만 자란다. 딱 그만큼만 자란다. 아이에게 가장 큰 선물은 엄마가 성장하는 것이다. 그것이 아이를 변화시키는 가장 빠른 비결이다. 아이를 잘 키워보겠다고 이 학원 저 학원 보내도 답이 없고 갈등만 커지는 이유가 바로 이것이다. 엄마는 성장하지 않은 채 아이만 성장하라고 하기 때문이다. 아이의 교육에 앞서 엄마의 교육이 필요하다. 엄마의 성장이 필요하다. 아이 또한 엄마의 성장을 기대하고 있다.

하루는 가족과 함께 패밀리 레스토랑에 갔다. 들어가는 순간부터 시끄러웠다. 중앙 테이블 쪽이었다. 초등학교 5~6학년쯤 보이는 남자아이 20명 정도가 빙 둘러앉아 있었다. 한 아이의 생일이었다. 반친구 중 남자아이들만 모두 모아온 듯했다. 비싼 레스토랑에서 생일

파티를 하는 게 낯설어 아이들을 지켜보고 있었다.

음식을 다 먹었는지 아이들은 마지막에 입을 모아 "하나, 둘, 셋! ○○야, 생일 축하해!" 하더니 우르르 나가버렸다. 텅 빈 테이블 사이로 한 아이가 터벅터벅 걸어 나왔다. 그날의 주인공인 듯했다. 그 아이는 카운터로 가더니 무표정한 얼굴로 카드를 꺼내 들었다. 부모님이 참석 못 하는 대신 쥐여준 카드였을 것이다.

마지막 모습에 가슴이 먹먹했다. 자신의 생일을 그토록 쓸쓸하게 맞이해야 하는 아이의 모습에 마음이 아팠다. 그 일상을 보지 않았음에도 아이의 삶이 그려졌다. 아이의 부모님은 맞벌이를 하실 것이다. 생일파티마저 아이 혼자 치러야 했던 것을 보면 말이다. 학교가 끝나면 부모님 오실 때까지 학원을 전전하며 외로운 시간을 보낼 것이다.

이것은 특별한 일이 아니다. 이런 외로운 아이들이 정말 많다. 안타깝다. 부모의 재력이 아이의 행복을 결정해주는 건 절대 아닌 것 같다.

많은 가정이 맞벌이를 한다. 그래서 아이들은 제법 넉넉한 생활을 한다. 스마트폰, 옷, 소지품 모두 좋은 것들을 가지고 있다. 학원도 한두 군데만 다니지 않는다. 그 외의 시간에 학습지를 하고, 악기를 배우고, 화상영어를 하고, 과외를 한다.

부모는 돈을 벌며 고생하고, 아이는 아이대로 외로움 참아가며 자신의 생활을 한다. 아이들을 가르칠 지식이 없다는 핑계로, 혹은 집에 혼자 있게 할 수 없다는 이유로 학원에 보낸다.

"대신 내가 돈을 벌어다 주잖아. 네가 부족한 게 뭐니?"

종종 이런 생각을 가진 분들을 만나는데, 참으로 놀랍다. 이것은 아이들 말로 '노답'이다. 그것도 '핵 노답'이다. 아이에게 필요한 것은 돈이 아니다. 교육은 돈으로 살 수 있는 것이 아니다. 엄마가 아이를 위해 스스로 고민하고 내 아이를 위한 진짜 교육을 찾아주어야 한다. 그러기 위해서 엄마가 책을 들어야 한다. 이것은 일하는 엄마라도 예외일 수 없다.

반대로 돈이 없어서 더 많은 학원에 보낼 수 없음을 자책하는 부모님도 있다. 아이의 공부가 자신의 재력에 따른다고 믿는 것이다. 이런 생각은 정말 위험하다. 이것은 오해이고 잘못 심어진 생각이다. 때로는 아이들마저 오염시킨다. 부모의 잘못된 생각을 고스란히 지니고 스스로를 비관하는 아이들도 있다.

이런 식의 하소연을 하는 어머님이 적지 않았다. 처음엔 이유를 불문하고 그것이 안타까웠다. 마음이 아팠다. '부모 인생도 서러운데 아이마저 불평등에서 벗어날 수 없다니…' 하고 가슴을 쳤다. 더 많이 신경 써주고 학원비도 낮추어 받았다. 그게 내가 해줄 수 있는 최선이었다. 그런데 그것이 문제가 아님을 얼마 지나지 않아 알게 되었다.

정말 문제는 그것이 아니었다. 아이가 다니는 학원의 개수가 아이를 결정하는 것도 아니었다. 아이를 교육하는 데 필요한 것은 부모의 재력이 아니었다. 오히려 부모의 재력이 아이를 망치는 경우를 더 많이 봤다. 아이의 교육은 부모의 의식 수준에 달려 있었다. 아이와 친밀한 시간을 더 많이 보내는 엄마에게 달려 있었다.

나는 지금 엄마의 학력을 말하고 있는 것이 아니다. 아이의 교육에서 엄마의 학력은 사실 무관하다고까지 생각한다. 돈보다도, 학력보다도 엄마의 태도와 의식 수준이 중요하다.

엄마의 의식을 바꿀 수 있는 것은 바로 책이다. 엄마는 아이를 위해서 책을 들어야 한다. 책을 읽고 반성하고 적용하고 실천하는 것, 그것이 빠져 있으면 아이 위에 군림하는 엄마가 되기 쉽다. 돈이면 다 된다고 생각하기 쉽다.

어른들이 자녀에게 함부로 대하는 이유는 책을 읽지 않아서다. 책을 읽지 않아서 반성이 없기 때문이다. 사람은 반성이 없으면 뻔뻔해지기 마련이다. 그렇게 교만해지면 자기가 하는 방법, 자기 생각만 옳다고 믿어버린다. 엄마가 책을 읽는 것, 그것이 가장 빠르고 확실한 방법이다. 그리고 아이에게 책을 읽히는 일이다. 하지만 책을 읽지 않는 엄마의 아이는 두 배로 책을 읽지 않는다. 아이에게 책을 읽히는 가장 빠른 방법이 바로 엄마가 먼저 책을 읽는 것이기 때문이다.

아이는 돈으로 키워지지 않는다. 돈으로 아이를 잘 키울 수 있음을 뒷받침하는 자료도 없다. 단지 우리의 불안한 마음속에 키워진 잘못된 위로이고, 생각일 뿐이다. 돈을 잡으면 아이를 놓치지만, 책을 잡으면 아이가 잡힌다.

아이 그대로를
인정하라

"최고의 예술가는 대리석 내부에 잠들어 있는 존재를 볼 수 있다. 조각가
의 손은 돌 안에 자고 있는 형상을 자유롭게 풀어주기 위하여 돌을 깨뜨리
고 그를 깨운다."

_ 미켈란젤로

시스티나 성당의 천장화와 벽화를 그려낸 천재 예술가 미켈란젤로
의 말이다. 그는 작업을 시작하기 전 거대한 대리석을 뚫어질 듯이 응
시한다. 그러고는 대리석 안의 위대한 형태를 먼저 찾아낸다. 그것을
제외한 것들은 불필요한 덩어리가 된다. 그것을 풀어내기 위해 둘러싸
고 있는 불필요한 덩어리를 조금씩 뜯어내기 시작한다. 마침내 위대

한 형태가 드러난다.

미켈란젤로가 위대한 예술가가 된 것은 화려한 능력 때문이 아니다. 그저 돌덩어리에 불과한 대리석 안에서 위대한 존재를 먼저 바라보았기 때문이다.

아이를 키우는 어머니의 역할도 이와 다르지 않다. 아이라는 대리석 덩어리와 같은 미숙한 존재를 응시하고, 그 안의 위대한 잠재력을 먼저 인정해야 한다. 그리고 그 위대한 존재를 끌어내야 한다.

아이는 모두 위대한 존재임을 마음에 새기고자 했다. 아이들 눈에 담긴 위대한 인격을 바라보려 노력했다. 그래야만 아이들을 인격적으로 사랑할 수 있었다는 글을 읽었다.

나도 노력해보고 싶었다. 아이가 태어난 지금도 위대한 존재라고 여기며 사랑하기 위해 애쓴다. 아이를 존재 자체로 사랑하고 인정해줄 수 있으려면 노력이 필요하다. 엄마는 아이를 자신이 원하는 조형물로 만들어내는 사람이 아니다. 불필요한 것들만을 아이도 모르는 새에 거둬내 주는 조각가다.

사람은 누구나 놀라운 잠재력을 지니고 있다. 어떠한 아이라도 위대한 잠재력을 가지고 있다. 그것을 드러내는 건 둘러싼 환경이 결정한다. 아이가 잠재력을 드러내는 통로는 놀이와 호기심이다. 놀이가 반복되고 몰입이 반복되면서 자신의 재능을 찾는다. 그 재능은 훗날 아이가 살아갈 밑천이 된다.

이것을 발견하고 아이의 가능성을 끌어내는 사람이 바로 엄마다. 엄마밖에 없다. 엄마는 미켈란젤로가 되어 커다란 돌덩이 안에 자리한 거대한 존재를 발견한다. 위대한 존재가 조금씩 세상과 마주하도록 도와준다. 훌륭한 어머니는 미켈란젤로와 같다. 곧 위대한 예술가인 것이다.

〈꼬마 천재 테이트〉는 아주 오래된 영화인데 재밌을 것 같아 잠을 아껴가며 봤다. 꼬마 테이트는 천재다. 하지만 아이는 몸이 약했다. 테이트의 엄마 디디는 식당에서 일하며 혼자서 테이트를 키운다. 디디는 아이의 건강을 해치게 될까 늘 고민한다. 아이의 천재성이 아이의 건강을 해친다고 생각한다. 디디는 테이트의 천재성을 인정할 수 없다. 더욱 약한 아이가 될 것만 같다. 아이를 잃을 것만 같다.

영재 전문가 제인이 테이트의 천재성을 발견한다. 그녀는 디디에게 테이트를 위한 교육을 해달라고 부탁한다. 디디는 그런 제인이 못마땅하다. 늘 부정적이고 긴장한 태도로 제인을 대한다. 제인의 뜻을 거절하기 일쑤다. 제인은 그런 디디가 답답하다. 디디는 아이의 잠재적 능력과 재능을 발휘할 기회를 주지 않는다. 참다못한 제인은 디디를 향해 촌철살인을 날린다.

"아이의 잠재력을 무시하는 건 아이 자체를 무시하는 거죠."

제인은 제발 아이의 잠재력을 무시하지 말라고 한다. 그것은 그 아이를 무시하는 것이라고 한다. 테이트의 잠재력은 놀이를 통해 나타났다. 아이는 늘 책을 보고 흥미로운 것을 관찰하고 몰입했다. 디디는 그런 테이트를 제지하고 잠재력을 인정하지 않았다. 가장 사랑하는 아들을 자신도 모르게 무시해온 것이다.

테이트만 그런 게 아니다. 모든 아이는 저마다 큰 능력과 자질을 갖춘 채 살아간다. 그것을 표현하고자 하는 본능을 가지고 있다. 그것은 세상과 소통하는 그 아이만의 유일한 방법이다. 이를 인정해주지 않을 때 아이는 존재를 무시당했다고 생각하게 된다. 그런 일이 반복되면 자신이 무시받는 걸 당연시하고 살아간다. 이는 아이의 자존감을 훼손하고 열등감을 키운다. 자신의 존재 자체가 무시당하는 것으로 여기며 자라게 된다.

엄마가 할 수 있는 최선은 아이만의 고유한 잠재력을 인정해주는 것이다. 우리는 디디와 같은 실수를 해선 안 된다. 아이의 잠재력을 인정하는 것이야말로 위대한 존재를 끌어내는 일이다.

로봇 박사 오준호의 어머니 또한 아들을 있는 그대로의 모습으로 존중했다. 아들은 어려서부터 소극적이었다. 유치원만 세 번을 옮겼을 정도다. 그녀는 고민했다.

아들의 유일한 낙은 기계를 만지는 일이었다. 유치원에 가는 일이 아니었다. 부수고 조립하고를 반복했다. 집에 들어온 물건은 모두 아이의 손을 거쳤다. 비싼 물건도 개의치 않았다. 학창 시절 아이의 성적은 좋지 않았다. 그저 기계를 다루는 일에만 푹 빠졌다. 아이는 자신이 즐기는 일. 기계를 부수고 조립하는 일에서만 학습했다. 하지만 어머니는 그런 아들을 혼내거나 윽박지르지 않았다. 성적이 나쁘다고 창피해하지도 않았다. 그저 아이가 좋아하는 과학책을 열심히 읽어주고 실험도구들을 마련해주며 지지해주었다. 아이 그대로를 인정해주었다.

"저는 사람은 누구나 큰 잠재력을 가지고 있다고 생각해요. 그것을 누가 인정해주고 살려주느냐 못 하느냐에 따라서 그 사람이 어떤 사람이 되느냐가 결정된다고 생각하거든요. 그래서 사람을 보면 이 사람의 장점이 뭘까, 이 사람의 특기는 뭘까 생각을 하게 돼요."

_EBS 〈어머니 전〉, '오준호' 편

초등학교 2학년이 되어 맞이한 봄이었다. 엄마는 내게 빨간 원피스를 사주셨다. 나는 기분이 좋았다. 그런데 그만 집에 돌아와 큰 사고를 치고 말았다.

나는 색종이를 가지고 무언가를 만들겠다고 가위를 들고 있었다. 색종이를 자른다는 게 그만 새로 산 치마를 싹둑 잘라버렸다. 몇 번을 망설이다 엄마에게 달려가 잘린 치마를 보여 주었다. 엄마에게 크게 혼이 났다.

색종이와 가위를 들 때면 잘린 치마만 생각났다. 이후로 색종이와 가위로 무언가를 만들겠다는 생각을 해본 적이 없다. 가위를 들기가 싫어졌다.

나는 무엇이든 시도하고 도전해보는 것을 좋아했다. 요리를 하는 것도 좋아했고, 뭐든 만드는 것을 좋아했다. 반면 엄마는 그 일을 탐탁지 않아 하셨다. 맞벌이를 하셨던 엄마에게 내가 무엇이든 도전하고 시도하는 것은 뒤처리를 해야 하는 일이었다. 힘들게 일하고 오셔 집안일까지 맡으셔야 했을 엄마의 심정이 이제야 이해된다. 하지만 어린 시절 잠재력과 재능을 발현하는 일에 적극적 지지를 받지 못했던 것이 아쉽다.

이것은 대부분 엄마의 모습이 아닐까? 아이의 잠재력은 처음부터 '짠!' 하고 완성된 모습으로 나타나지 않는다. 처음엔 서툴고 부족한 모습이다. 그저 조잡한 놀이일 뿐이다. 아이들은 나름대로 열심히 한다고 하는데도 늘 미숙하고 사고가 난다.

나도 아이의 잠재력을 위해 많은 부분 희생하겠노라 다짐했다. 그럼에도 수없이 무너진다. 하지만 이것을 인정하느냐 그렇지 못하냐가 아이의 인생을 좌우한다.

블록을 좋아해서 날마다 그것으로 마을을 만들고 아파트를 만들던 아이는 건축가를 꿈꾸고, 색종이 오려 붙이고 인형 옷 갈아입히며

색감을 키우던 아이는 디자이너를 꿈꾼다. 아이는 놀이를 통해 자신의 미래를 그려낸다. 그러니 아이의 미숙하고 서툰 놀이들을 인정해 주어야 한다. 이 조잡한 놀이들은 깊은 몰입을 경험하게 하여 아이를 숙련되고 정교하게 단련한다. 이것이 단련된 전문가로 만들어낼 것이다.

'손은 외부의 뇌'다. 손은 움직이는 뇌이므로, 조잡한 놀이는 뇌를 단련한다. 그 움직임은 뇌의 회로에 변화를 가져오고 훗날 아이들이 해낼 복잡하고 정교한 일에 토대가 되어준다. 뇌는 비슷한 일을 접했을 때 더 빠르고 정확하게 학습할 수 있다. 자전거를 잘 타는 사람은 균형을 잡는 방법을 알기에 오토바이를 탈 때도 더 쉽게 도전하고 배울 수 있다.

우리는 아이 그대로를 인정하며 미숙한 놀이를 응원해야 한다. 아이의 잠재력을 끌어내는 것, 그것은 아이가 가진 위대한 가능성을 끌어내는 것이다. 인정받고 자란 아이들은 세상을 향한 자신감을 가지게 된다. 그것으로 세상과 소통하고 자신의 몫을 다하는 아이로 성장한다. 엄마가 할 일은 아이 자체의 가능성과 잠재력을 믿어주는 것이다.

믿음이란 완성된 자체를 바라보는 것이 아니다. 아이의 가능성을 바라보고, 그 가능성이 도저히 드러날 것 같지 않은 답답한 순간에도 묵묵히 기다려주는 것이다.

기다림, 그것이 엄마가 해야 할 가장 단순한 일이자 진리다. 묵묵한 기다림으로 끝까지 안내할 수 있는 엄마만이 아이의 위대한 존재와 마주할 수 있다. 아이를 인정하고 끝까지 기다려주는 것이 아이의 위대한 존재를 끌어내는 유일한 길이다.

당신 **자신**의 **열등감**을 이겨내라

　그녀는 아이 셋을 모두 의대에 진학시켰다. 아이들은 어려서부터 책을 좋아했다. 물론 책을 좋아하기까지도 엄마의 노력이 있었다. 없는 형편에도 책은 사 읽혔다. 부족하면 동네에 다 큰 아이들이 있는 집을 찾아가 남는 책을 얻어왔다. 때론 버려진 책들을 주워오기도 했다. 아이들을 위해서였다. 전혀 부끄럽지 않았다. 그녀는 아이들의 교육에서만큼은 억척스러운 여자였다. 그렇게 해야 마음이 편했다. 그런 그녀의 노력 덕분인지 아이들은 공부를 잘했다.

　그녀는 욕심이 많았다. 아이들을 지방에서만 기를 수 없었다. 첫아이 고등학교 입학을 앞두고 도시로 이사를 갔다. 남편 혼자 벌어 세 아이 모두를 학원까지 보내야 했다. 형편은 넉넉지 않았다. 하지만 아이들은 잘사는 아이들 틈에서도 잘 버텨주었다.

그녀는 아이가 그릇된 모습을 보이면 아무리 하찮은 것이라도 그냥 넘어가지 않았다. 자신은 부족했지만 아이들은 그래선 안 됐다. 특히 첫아이에게는 더욱 그랬다. 말로 비수를 꽂았다. 아이를 힘들게 했다.

그녀는 시골의 형제 많은 집의 큰딸이었다. 동생들 공부시키느라 정작 본인은 초등학교만 간신히 나왔다. 그것도 감사해야 했다. 그녀는 큰딸이라는 이유로 포기해야 했던 것이 많았다. 하지만 주저앉을 그녀가 아니었다. 그 이후론 일을 하면서 검정고시를 봤다. 상황이 허락지 않았다. 거기까지가 최선이었다. 그래서인지 그녀는 학업에 대한 갈망이 컸다. 아이들만은 자신처럼 자라지 않길 바랐다. 아이는 바로 자신이었다.

그녀는 왜 큰아이에게 그리도 무거운 짐을 지게 했을까? 그것은 바로 그녀가 스스로 내려놓지 못한 열등감 때문이었다. 자신이 해결하지 못한 열등감은 온전히 큰아이의 몫이 되고 말았다. 아이도 그것이 자신의 운명인 줄 알았는지 자신을 향하는 화살들을 덤덤히 받아들였다. 본인의 욕심으로 아이를 인격적으로 대하지 못했다. 늘 채찍질했다. 동생들을 위해서도 그래야 했다.

그녀는 지금 지난 시절을 후회한다. 아이들을 좋은 학교에 보냈다는 자신감보다 미안함이 더 커 보였다. 지금도 고쳐지지 않는 큰아이의 어두움은 자신의 탓이라고 했다. 아이를 행복하게 사랑으로 키워주지 못했다는 미안한 마음이 표정에 역력했다.

　고입을 앞둔 남학생의 과외를 맡은 적이 있다. 중학교 1학년 때까지는 공부를 잘하는 모범생이었다. 아이의 어머니를 보는 순간, 그것이 그녀의 노력이었다는 게 느껴졌다.

　큰아이였다. 아이가 공부라는 것을 시작했을 때부터 엄마도 공부를 시작했다. 아이보다 더 열심히 공부했다. 아이의 학년이 올라갈수록 그녀도 한발 앞서 공부했다. 아이의 스케줄을 관리하면서 집에서 공부를 시켰다. 대단한 열정이었다. 아이는 어머니의 뜻대로 잘 따라와 주었다. 늘 반듯했고 공부도 잘했다.

　그런데 중학교 2학년이 되면서 상황이 달라졌다. 아이는 엄마 말을 더는 듣지 않았다. 그녀는 내 아이가 아닌 것 같았다고 했다. 아이는 컴퓨터에만 빠져 있고 늘 친구들을 만났다. 공부는 뒷전이었다.

　아이의 표정은 늘 어두웠다. 많이 지쳐 보였다. 집안 분위기는 아이를 숨 쉴 수 없게 했다. 모든 것은 아이의 잘못이 되었다. 엄마도 아빠도 모두 자신의 편이 아니었다. 아이의 이런 모습은 엄마의 자존심이 허락하지 않는 것이었다.

　안타까웠다. 엄마가 아이를 끌고 가는 데에는 늘 한계가 있다. 그렇게 한들 그것이 엄마의 인생이지 아이의 인생일까? 그렇게 자란 아이들은 자신만의 빛을 잃어버린다. 눈빛을 보면 안쓰럽다.

아이가 중학생이 되면 부모님과 사이가 틀어지는 경우가 많은데, 대개 이런 이유다. 아이는 자신의 마음과 생각을 억누른 채 남이 시키는 대로 살 수가 없다. 아무리 엄마를 사랑하고, 엄마가 안타까워도 자신을 버릴 수는 없는 것이다. 그런데 이런 아이의 마음을 이용하는 엄마들이 여전히 있다. 언젠가 나도 그러고 있을지 모를 일이다.

아이들은 초등학교 시절까지는 대개 좋은 성적을 받는다. 그런데 중학생이 되면 상황이 달라진다. 과목 수가 많아지고 내용은 어려워진다. 초등학교 때의 성적을 유지하기가 힘들다. 성적이 떨어지면 겉으로는 아니라고 하지만 실망의 눈빛이 느껴진다. 부모는 아이를 그대로 사랑하지 못한다. 아이를 벌써 성적과 등수, 딱 그만큼으로 생각해버리고 만다.

성적과 등수가 그렇게 중요할까? 그런데 부모님은 성적과 등수에 예민했다. 그것을 자기 자존심이라고 생각했다. 성적이 떨어진 아이의 부모님은 다른 말도 꺼내기 전에 이런 변명들을 한다.

"우리 애가 원래는 잘했는데…."

"아니, 우리 큰애는 잘하는데 유독 애만…."

아이의 성적을 자신의 자존심이라고 생각한다. 주변을 의식하고 그것에 자신을 맞추려는 것이다. 그것을 나도 모르게 아이에게 강요한다. 이것은 우리나라의 좋지 않은 교육 시스템이 낳은 특유의 분위기다. 우리도 이렇게 자랐고, 나 역시 여기서 자유로울 수 없는 사람이다.

하지만 이런 태도는 아이에게도 전해진다. 언제까지 남 눈치 보며 서열을 신경 쓰며 다른 사람을 만족시키는 인생을 살 것인가? 또 그 것을 아이에게 대물림할 텐가? 모든 것은 부모의 열등감이다. 부모의 열등감이 아이에게 대물림되는 것이다.

이것을 보고 듣고 자란 아이들은 자존감이 낮다. 스스로 만족하지 못한다. 잘 해내고서도 불안해한다. 다른 사람은 어떤지 궁금한 것이 다. 기준이 자신이 아닌 것이다. 엄마의 열등감이 자기 십자가인 양 똑같이 그렇게 짊어지고 사는 것이다.

아이들을 지켜보면 엄마와 아이는 닮았다. 들키기 싫은 엄마의 초 조함마저도 닮았다. 아이는 엄마의 뒷모습을 보고 자라는 것이 분명 하다. 이 말은 참 무서운 말이다. 벗어날 수 없는 내 삶과 운명에 모욕 을 주는 말인 것 같아 싫었다. 그런데 아이를 낳으면서 진지하게 생각 하게 되었다. 내 삶을 아이에게 물려주고 싶지가 않았다. 주변의 기준 에 나를 맞추고, 거기서 인정받으려는 참을 수 없는 내 삶을 아이에게 물려주고 싶지가 않았다.

그래서 내가 먼저 달라져야 할 것 같았다. 내 환경과 운명을 원망하 는 바보 같은 태도가 아니라 내가 내 열등감을 뛰어넘고 나 스스로 만족할 수 있는 인간이 되어야 할 것 같았다. 그리고 그렇게 살기로 했다. 나를 위해서였다면 절대 이런 결단과 노력을 하지 못했을 것이 다. 그런데 아이를 보면 힘이 났다. 그리고 그렇게 해야만 했다.

엄마 스스로가 극복하지 못한 열등감이 있다면, 아이를 위해서라도 해결해야 한다. 스스로 그것을 뛰어넘도록 선택해야 한다. 아이에 대한 불안과 원망에 앞서 먼저 자신의 감정을 돌아보고 추슬러야 한다. 그렇지 않으면 당신의 가여운 아이가 당신의 열등감을 짊어지며 처절한 길을 걷게 될 것이다.

결핍을
알게 하라

평소와 다름없는 오후였다. 민우는 눈이 빨개져서 학원에 도착했다. 무슨 일이냐고 물어도 대답을 하지 않는다. 오늘은 빨리 가야 한단다. 정리해주고 한 번 더 물었다.

민우는 이날 학교에서 친구들과 싸웠다. 평소에 가벼운 성격으로 친구들의 약점을 들추곤 했다. 항상 용돈이 두둑했던지라 아이들이 화를 내면 무마할 방법이 있었다. 그런 일로 미움을 사 친구 몇 명이 민우를 때린 것이다. 안타깝고 마음이 아팠다. 하지만 이번 일을 계기로 민우가 자신을 되돌아보고 생각하길 바랐다.

문제는 그다음 날부터였다. 부모님은 민우의 일로 마음이 많이 상하셨다. 그날부터 민우에게 더 많은 것을 사주었다. 원한다면 전학을 보내주겠다고도 했다. 그래서 사건에 대해 생각할 겨를도 없이 피난 처가 마련되었다. 학교에서도 상황이 커질까 봐 민우를 배려하는 분위기였고, 상황은 빨리 마무리되었다.

지켜보면서 많은 생각이 들었다. 늘 돈을 쥐여주고 이것저것 사다 안기는 것이 아이를 위한 일일까? 그것은 아이의 인생에 치명적일 수 있다. 또래보다 좋은 물건을 사용하고 큰돈을 가지고 다니는 아이들이 있다. 이 아이들은 친구들을 휘두르기가 좋다. 친구들을 우습게 생각한다. 남에게 상처를 주거나 피해 주는 행동을 하고도 미안한 마음을 못 느낀다. 난처한 상황이 되면 무언가를 선물하거나 사주는 일로 화해한다. 이런 식으로 상황이 마무리된다. 작은 것도 귀한 줄 모르고 건방진 아이가 된다.

이 아이들은 친구들만 우습게 생각하는 것이 아니다. 학교에서는 선생님에게, 훗날 부모님에게도 이런 태도를 보이게 된다. 아이가 이렇게 자라면 세상을 살아가는 데 얼마나 고독하고 외로울까?

요즘은 아이들 기죽는다고 원하는 것들을 모두 해준다. 사회 전반에 팽배한 물질만능주의가 아이들 사이에서도 적용되고 있다. 그래서 아이들은 보이지 않는 진짜 중요한 것들은 보지 못한다.

한 아이가 하교 후 학원에 도착했다. 씩씩거리며 들어오는데 무슨 일이 있는 것이 분명했다. 이유를 물으며 얘기를 들어주는데 선생님께 제대로 혼이 난 모양이었다. 아이의 태도가 가관이었다.

"제가 가만히 안 있을 거예요. 진짜 죽이고 싶어요."

아이의 그다음 대사는 생략한다. 일단 진정시킨 뒤 상황을 이해시켰다. 잘못된 부분들을 타일러 보냈다. 아이의 태도에 놀랐다.

학교에서 이런 생각을 할 텐데, 어떻게 선생님의 수업을 듣고 적응할까 하는 걱정이 밀려왔다. 선생님을 존경하는 마음 없는 학교생활이 힘들 수밖에 없다.

찬찬히 들여다보면 사실 부모님 잘못이다. 아이들은 조금 없이 키워도 될 텐데 하는 생각이 든다. 물질이 풍족한 아이일수록 버릇이 없는 게 사실이다. 오히려 집이 넉넉한데도 아이에게만은 인색한 부모가 있다. 꼭 필요한 것만 가지게 한다. 유행에 민감하지도 않다. 아이는 적게 가지고 아끼고 고민한다. 유행에 뒤처진다고 친구가 없을 거라고 걱정하는데, 절대 그렇지 않다. 친구는 아이의 물질을 따라오지 않는다. 아이의 인성을 따라온다. 그런 아이들은 또 딱 그런 아이들끼리 어울린다.

모든 아이가 스마트폰을 가지기 시작할 무렵. 끝까지 2G 핸드폰을 들고 다니던 두 아이가 있었다. 부모님의 교육관이었다. 절대 스마트폰은 사주지 않겠다고 했다 한다. 두 가정 모두 교육관이 분명했다. 아이들에게 비싼 물건은 절대 사주지 않았다. 가정은 달랐지만 두 아이 모두 예의 바르고 마음이 예뻤다. 뭐든 나눌 줄 알았다.

다른 아이들에게 스마트폰은 필수 아이템이었다. 처음엔 친구들을 부러워했다. 그런데 이내 털어버린다. 스마트폰 없어도 일상을 즐거움으로 채워나갈 줄 알았다. 아이들은 없이도 행복할 방법을 알고 있다. 이런데도 친구가 없겠는가.

분수에 맞게 행동하는 아이들이 정도를 알고 예의도 바르다. 사람과의 관계에서 깊이 고민할 기회를 얻는다. 물질이 풍족한 아이들은 모든 상황을 단순히 돈으로 해결하는 방법을 먼저 배운다. 그리고 자신의 것들로 해결되지 않을 때는 쉽게 좌절하고 낙망하고 무너져버린다.

아이에게 허락된 가난은 가난 이상이다. 아이는 허락된 결핍으로 고민하고, 대안을 만들어낸다. 친구 간에 문제가 생기면 진심으로 사과할 줄 알게 된다. 가난은 아이의 창조성을 개발시킨다. 스스로 해결할 무기를 만들어내고, 지혜를 만들어낸다.

가난은 이제 더는 숨겨야 할 가문의 허물이 아니다. 가난은 아이를 위해 대물림되어야 한다. 아이는 자신의 결핍을 통해 아무도 생각지 못한 것들을 하나씩 창조해나갈 것이다.

끊임없이
질문하라

2010년 서울에서 있었던 G20 폐막 기자회견장이다. 연설 중이던 오바마는 한국 기자들에게 질문권을 주었다. 아무도 나타나지 않는다. 카메라 셔터 소리만이 공간을 메운다.

오바마는 다시 말한다. 통역을 해줄 것이니 질문해달라고 말이다. 그는 한국 기자의 질문을 듣고 싶었다. 역시 아무도 나서지 않는다. 그때 중국 기자 한 명이 일어선다. 오바마는 중국 기자에게 당신은 한국 기자가 아니므로 질문할 수 없다고 제지한다. 중국 기자는 한국 기자 중 질문할 사람이 없는 것 같으니 양해를 구하면 되지 않겠느냐고 묻는다. 난처한 상황들이 이어졌다. 마지막까지 아무도 나서지 않는다. 결국 질문권은 중국 기자에게로 넘어갔다.

프로그램을 시청하는 동안 내가 진땀이 났다. 나도 함께 부끄러웠다. 내가 그 자리에 있는 기자였다면 그 위기 속에서 나도 침묵했을 것이다. 미국의 대통령에게 과연 내가 질문할 만한 것들이 있었을까? 질문은 왠지 동의하지 않음을 애기하거나 괜한 이의 제기 같다는 생각이 있다. 많은 사람이 모인 자리에서 질문을 하는 것은 상당한 용기가 필요한 일이다.

사실 나뿐 아니라 한국 사람에게 질문은 상당히 낯선 것이다. 우리는 왜 질문하지 않는 것일까? 질문은 무엇일까?

질문은 마음속에 의심이 되는 점을 묻는 일이다. 질문이 없다는 것은 의심하지 않는다는 것이다. 한국인에게 질문이 없는 이유는 의심이 없기 때문이다. 아니, 어쩌면 질문할 만한 재료가 전혀 없어서일 수도 있겠다. 국민 한 사람이 한 달에 0.8권이라는 셈도 힘든 양의 책을 읽는다고 하니 말이다.

우리가 받아온 교육은 우리에게 의심할 필요를 주지 않았다. 그저 듣고, 적고, 외워 시험에서 정답을 맞히면 그뿐이기 때문이다. 의문은 필요 없다. 오히려 수업에 방해가 될 뿐이다. 최근 '답정녀'라는 말을 들은 적이 있다. '답은 정해져 있으니 너는 대답만 해'라는 뜻이란다.

의도는 다르지만 우리의 주입식 교육에 어울리는 말이다. 우리가 받은 교육을 한마디로 하자면 '답정너'가 아닐까?

'답정너' 교육에서 질문은 필요 없다. 우리가 받아온 교육 속에는 질문이 없다. 우리에겐 질문하는 교육, 질문할 수 있는 교육이 필요하다.

하지만 우리가 가진 교육 시스템으로는 절대 따라갈 수 없다. 결국 다른 교육이 필요하다는 말이다. 실패의 두려움을 감당할 수 있는 곳, 오직 아이만 생각하며 온전히 헌신할 수 있는 교육의 장이 필요하다.

그곳은 결국 가정이다. 가정이 아니면 우리나라 아이들이 질문을 받을 수 있는 곳이 없다. 이미 가정에서 그런 교육을 실천한 이들이 많다. 그들의 삶으로 그것이 옳았음을 증명한다.

가난을 극복하고 대를 이은 교육으로 대통령을 만든 가문이 있다. 4대에 걸쳐 이루어낸 일이다. 가난한 농부 가문에서 재벌로, 마침내 대통령 케네디를 배출한 가문이 되었다.

"조국이 여러분을 위해 무엇을 할 수 있는지 묻지 말고, 여러분이 조국을 위해 무엇을 할 수 있을지 스스로 물어보십시오."

_존 F. 케네디

그의 연설 내용 중 일부다. 그는 당시 미국의 상황을 한 문장으로 잘 표현해냈다. 그의 연설과 토론은 텔레비전을 통해 방송되었다. 그의 잘 다듬어진 문장은 촌철살인이 되었고, 보는 이들의 고개를 끄덕이게 했다. 그의 연설은 호소력이 강했다. 국민들은 그를 지지할 수밖에 없었다. 그의 선거운동 중 토론과 연설은 늘 화제가 되었다.

그를 대통령으로 만들어낸 일등공신은 그의 어머니인 로즈 여사의 토론 수업이었다.
"자녀들을 유능한 인물로 키우려면 그 훈련은 어려서부터 시작해야 한다."
그녀는 아이들이 어려서부터 식사 시간 중 늘 질문을 던진다. 질문은 아이들을 통해 토론으로 이어진다.
가족이 다 모인 저녁 식사 시간은 그들에게는 토론의 장이었다.
_《세계 명문가의 독서교육》, 최효찬, 예담friend

케네디는 이미 어린 시절부터 토론의 규칙과 방법을 익혀갔다. 토론의 주제들은 〈뉴욕타임스〉에서 뽑았다. 나라의 중대사를 놓고 형, 누나들과 토론해온 것이다. 상대를 설득하고 호소하는 방법, 질문을 두려워하지 않고 대답하는 케네디의 담대함은 학교와 학원에서 길러진 것이 아니다. 집, 그중에서도 식탁에서 길러졌다.

지민과 대화를 나눌 때면 늘 즐거웠다. 초등학교 5학년밖에 안 된 아이가 마치 어른처럼 이야길 한다. 그것이 귀엽기도 하고 펼쳐내는 논리가 놀랍기도 했다. 한 번씩은 아이의 대답이 궁금해 엉뚱한 질문을 하기도 했다.

"학원 옆에 치킨가게는 장사가 참 잘되던데. 너도 먹어봤어?"

"거기는 다른 곳에 비해 가게가 작아요. 덕분에 세가 적게 들고, 먹고 가는 손님이 없어서 사장님 혼자서도 운영할 수 있어요. 배달은 안 하시고 방문하는 손님한테 포장 판매만 하니까 인건비가 적게 들어요. 그래서 다른 가게보다 치킨값이 저렴하고 게다가 청결하게 관리하시니까 손님이 많아요. 대신 그런 작은 가게는 치킨 한 마리를 팔 때 남는 수익이 적으니까 치킨을 많이 팔아야 운영이 되겠죠"

잠깐 나눈 이야기였다. 아이는 이미 수요와 공급 곡선을 완벽히 꿰뚫고 있었다. 그러면서 앞집의 치킨집과 뒷골목의 치킨집까지도 내게 설명해줬다.

한번은 지민 어머니를 뵐 일이 있었다. 지민의 교육 방법이 궁금했던 터라 여쭤보았다. 수줍은 듯 웃으며 얘기를 해주셨다. 어머니는 식사 시간이면 지민에게 생각할 질문 하나씩을 던졌다. 아이는 그 질문을 가지고 엄마와 토론했다. 혹은 며칠을 고민하다 대답하기도 했다. 어머니는 밥상머리 교육이 중요하다는 것을 알았다. 매일 질문거리를 생각했다. 그것은 힘든 일이었다. 질문을 하기 위해서는 아이보다 더 많이 알아야 했다.

몇 번은 토론이 겉돌았다. 준비 없이 질문을 하면 아이의 엉뚱한 결론으로 휩쓸려가기도 했다. 아이가 바른 가치관 속에서 생각하고 대답하길 원했다. 어머니는 질문 전에 더 깊이 생각해야 했다. 어머니의 보이지 않는 노력이 있었던 것이다.

아이는 엄마와 질문과 답을 주고받는 동안 자신만의 답을 찾고 고민했다. 그것은 쌓이고 쌓였다. 내가 질문하는 순간 마치 답을 미리 준비해 왔다는 듯 열변을 토하는 지민을 보며 어머니의 노력이 보였다. 어머니의 끊임없는 질문이 아이를 훈련시킨 것이다.

아이의 생각은 질문을 통해 자란다. 질문을 통해 깊어진다. 아이의 생각을 자라게 하는 방법은 엄마가 끊임없이 질문하는 것이다. 아이가 성장해 세계 무대에 세워졌을 때 그가 가진 생각의 깊이와 입에서 나오는 말은 그 자신이 인정받는 기준이 될 것이다. 당신의 아이를 위해 끊임없이 질문을 던져라!

인문학적인
삶을 살아라

"사람들이 왜 가난한 것 같나요?"

"우리 아이들에게 '시내 중심가 사람들의 정신적 삶'을 가르쳐야 합니다. … 그 애들을 연극이나 박물관, 음악회, 강연회 등에 데려가 주세요. 그런 곳에서 '시내 중심가 사람들의 정신적 삶'을 배우게 될 겁니다. 그렇게만 하면, 그 애들이 더는 가난하지 않게 된다니까요!"

_《희망의 인문학》, 얼 쇼리스(고병헌·이병곤·임정아 공역), 이매진

교도소에서 자신의 삶을 마감한 비니스 워커의 간절한 절규다. 그녀가 말한 '시내 중심가 사람들의 정신적 삶'이란 곧 인문학을 얘기한다.

비니스 워커는 열아홉 살 때 베드포드힐스 교도소에 수감되었다. 이곳은 중범죄자 교도소다. 그녀는 어려서부터 할렘가와 마약치료센터를 전전했다. 난폭한 남성과 붙어 다녔으며 에이즈는 점점 심해지고 있었다. 그녀는 교도소 안에서 생활하며 제대로 된 교육을 통해 스스로 변화되었다. 종종 다른 이들의 죽음 앞에서 무너지기도 했지만 그녀는 교도소 안에서 진짜 교육을 받으며 생각하는 사람이 되어 갔다. 가난에 대한 얼 쇼리스의 물음에 그녀는 우리 아이들에게 인문학을 교육해달라고 말한다.

그녀가 자랐던 빈민가. 가난한 이들이 몰려 살며, 범죄가 많이 발생하는 그곳. 그곳에는 인문학이 없었다. 비니스가 살았던 빈민가에는 인문학이 없었다. 그곳에는 생각하는 사람이 없었다. 그저 자신을 찾지 못한 채 끌려다니는 노예만 있을 뿐이다. 그들의 삶은 무질서했고, 스스로를 파멸로 내몰았다. 진정 자신을 찾을 수가 없었다. 생각할수록 인생의 괴로움만 느껴졌기에 생각 없이 사는 것이 최선이라 여겼다.

인문학이 있는 도시와 인문학이 없는 도시는 전혀 다른 삶을 살게 된다. 전자는 삶을 누리고 창조하며 살아가게 되고, 후자는 삶을 빼앗기고 자신을 잃으며 살아가게 된다.

이것은 도시에만 해당하는 일이 아니다. 당신은 인문학이 있는 가

: 新사임당 자녀교육 :

정과 인문학이 없는 가정을 비교해본 적이 있는가? 두 가정을 통해 자라날 아이의 삶을 비교해본 적이 있는가?

자료를 모으며 어머니가 인문학적인 삶을 통해 아이들을 키워낸 경우들을 보았다. 결과는 극명하다. 인문학적인 삶을 통해 자라난 아이들의 삶은 창조적이다. 남들에 의존하거나 생각 없이 남의 뒤를 따르지 않았다. 아이의 인생에서 인문학은 삶의 질을 결정한다. 단언컨대 인문학은 아이의 인생을 결정한다.

이지성의 《생각하는 인문학》에 스티브 발머의 얘기가 잠깐 소개되었다. 마이크로소프트의 빌 게이츠와 폴 앨런은 1975년 공동 창업을 한다. 빌 게이츠의 증조부는 내셔널 시티뱅크의 설립자다. 아버지는 변호사협회 회장이었고, 어머니는 은행장이었다. 그는 미국의 상류층이었다. 빌 게이츠가 훌륭한 인물이 될 수 있는 토대는 그의 가문이었다. 폴 앨런 역시 미국의 상류층 출신이다. 아버지는 워싱턴대학교 도서관의 부관장이었다. 어머니는 독서광이었으며 지역 독서모임의 리더였다.

이 두 사람이 마이크로소프트를 창업했다는 것은 놀라운 일이 아니다. 어쩌면 자연스러운 일이었다고도 할 수 있다. 내가 주목하는 것은 상류층 자녀가 아니었음에도 이들과 어깨를 나란히 했던 스티브 발머다.

"사실 내 자녀들은 부모인 나의 말을 잘 듣지 않는다. 그래도 한 가지만은 반드시 교육하고 있다. 구글과 아이팟을 쓰지 마라."

그의 인터뷰 내용이다. 소극적이고 자신을 잘 드러내지 않는 빌 게이츠와 달랐다. 그는 적극적이고 열정적이었다. 상대편에 대한 공격적인 감정도 감추지 않았다. 그것이 그가 일하는 스타일이다.

스티브 발머는 뒤늦게 참여하긴 했지만 엄연한 창업 멤버다. 이후 마이크로소프트의 최고경영자로 재직했다. 그는 빌 게이츠의 친구로서 가까이 지냈고, 폴 앨런까지 세 사람은 모든 걸 함께하는 동반자였다.

발머의 가정은 지극히 평범했다. 그런데 어떻게 상류층 자녀들과 견주어도 부족함이 없을 수 있었을까? 그는 어떻게 지극히 평범한 가정에서 상류 사회로 진입할 수 있었을까? 그가 했던 일은 단순한 사업이나 돈벌이가 아니었다. 그는 마이크로소프트에서 최고의 브레인 역할을 했다.

평범한 가정의 발머를 마이크로소프트의 창립 멤버가 될 수 있도록 해준 것은 바로 그의 어머니였다. 그녀는 유대인 학교에서 기도서 낭독을 담당했고, 그를 유대인 학교에서 교육받게 했다. 유대인들은 어린 시절부터 동화나 만화보다 딱딱한 고전을 읽으며 고전 교육에 열심인 것으로 유명하다. 그의 어머니는 인문학적인 삶을 살고 있었다. 그것은 발머에게 그대로 대물림되고 교육되었다.

：新사임당 자녀교육：

한국에서 태어나고 자란 조승연은 미국으로 건너갔다. 그의 친구들은 대부분이 유대인이었다. 그들은 젖먹이 시절부터 고전 독서교육을 받았다. 유대인 부모는 아이를 위해 동화책 대신 인문고전 서적을 책장 가득히 꽂아둔다. 그것으로 교육한다. 유치원 때 이미 웬만한 고전은 다 읽고 졸업을 한다. 조승연은 이런 유대인 아이들과 함께 어울리고 토론했다. 그들과 진짜 친구가 됐다. 한국에서 자란 조승연이 어떻게 유대인 아이들과 자연스럽게 어울릴 수 있었을까?

그것은 바로 어머니의 영향이었다. 그가 태어나기 전부터 그의 책장은 인문학 서적으로 가득했다. 어린 시절부터 외할아버지의 손에서 인문학 서적을 읽었다. 중학생 시절엔 책장 가득히 꽂힌 서적을 다 읽었다. 덕분에 유대인 아이들과 어울리는 데 큰 제약이 없었다. 그녀 역시 아들에게 인문학적인 삶을 대물림한 것이다.

신사임당의 삶은 인문학이었다. 그것이 그녀의 삶을 온전히 채웠다. 그녀의 책장은 당대의 고전으로 채워졌다. 그것을 외우고 필사했다. 시를 지었다. 그녀는 거기서 끝나지 않았다. 그것을 실천하는 삶을 살았다. 아이들과 남편 이원수는 그녀의 필사본을 가지고 공부하기도 했다. 그녀는 또한 예술을 가까이했다. 그녀의 삶은 온통 인문학으로 채워졌다.

이것은 아이들을 가르치고, 세우고, 위로를 주고받는 동안 아이에게 그대로 흘러간다. 엄마의 인문학적인 넘침은 아이가 그대로 물려받는다. 그녀의 인문학적인 삶은 일곱 아이에게 그대로 대물림되었다. 그것은 가장 확실하고 강력한 교육법이다. 다른 어떤 교육보다 강력하다.

이 시대의 新사임당을 찾아보았다. 그들이 훌륭한 아이를 키워낸 비밀 역시 인문학이었다. 그들의 삶은 인문고전 서적과 클래식, 그림, 고전 영화들로 채워져 있었다. 두고두고 읽기 좋은 장서들을 책장에 차곡차곡 모아가며 그렇게 읽었다. 그 속에 흠뻑 빠져 읽었다. 그러면 그 옆에 자신과 똑같은 모습의 아이가 엄마를 따라 그렇게 자라고 있었다. 인문학을 통해 자신의 그릇이 키워졌다. 누구를 담아도 넉넉한 그릇이 되었다. 그녀들의 인문학은 스스로를 성장시켰다. 진정한 어머니로 거듭나게 했다. 그것이 아이를 훌륭히 키워내는 힘이고 답이었다.

신사임당의 삶을 통해 율곡은 완성되었다. 그녀의 인문학적인 삶이 율곡에게 그대로 대물림되었기 때문이다. 율곡은 어려서부터 어머니의 삶을 바라보고 따라 하며 배웠다. 그리고 신사임당이라는 거인의 어깨 위에서 성장할 수 있었다. 구도장원공 율곡을 만든 것은 그의 어머니였다. 그녀의 인문학적인 삶이었다.

0.1% 인재들은 새롭고 화려한 교육을 통해 완성되는 것이 아니었다. 어머니의 정보력과 할아버지의 재력은 더더욱 아니었다. 그 답은

바로 어머니의 삶이었다. 어머니의 인문학적인 삶을 통해 0.1%의 인

재가 완성되었다.

5장

新 사임당 자녀교육의 ― 5가지 비법

도서관에서
미래를 열어라

"50년쯤 지나면 공공도서관에서 연체료 50달러만 내면 받을 수 있는 교육에 15만 달러를 퍼부었다는 사실을 알게 될 거야!"

영화 〈굿 윌 헌팅〉에서 윌 헌팅 역을 맡은 맷 데이먼의 대사다. 늦은 밤 쌓아두었던 설거지를 마치고 남편과 함께 본 영화다. 정말이지 흠뻑 빠져서 봤다.

윌은 MIT에서 청소를 하며 살아간다. 대학은 다녀본 적이 없다. 정규 교육을 어느 정도 받았는지 알 수 없지만, 그는 늘 책에 빠져 살았고 책을 통해 세상을 본다. 어느 날 대학의 유명한 수학 교수가 수강하는 학생들에게 해결하기 힘든 문제를 낸다. 교수는 강의실 앞 칠판에 문제를 적어둔다. 윌은 여느 날처럼 복도를 청소한다. 그리고 운명처럼 이 문제를 본다. 문제를 해결하기 위한 몰입을 시작한다. 일을 하면서도 출퇴근 길에서도 머릿속에서 문제를 놓지 않고 몰입한다. 영화 속에 그려낸 윌의 몰입 과정은 정말 멋지다.

당시 황농문 교수의 《몰입》을 읽고 있었다. 몰입에 대해 깊이 생각할 수 있었다. 짧은 장면이었지만 그의 몰입 과정이 아름답게 느껴졌다. 윌은 문제를 해결했다. 칠판 앞으로 간다. 정신없이 문제를 풀어낸다. 문제를 해결한 주인공은 자신을 드러내지 않는다. 교수는 또 다른 문제를 내놓는다. 윌은 이번엔 문제를 보는 순간 자리에 서서 문제를 풀어버린다. 결국 문제를 푼 윌의 정체가 밝혀진다. 여러 성장통 끝에 윌이 새로운 인생을 선택한다는 스토리다.

정규 교육을 받아온 MIT 학생들도 손도 대지 못한 문제를 그는 해결한다. 그의 내공은 책으로 시작됐다. 그는 엄청난 독서량을 자랑한다. 분야를 막론하고 관심이 닿는 대로 전문가 뺨칠 정도로 몰입하고 분야를 파헤치며 본질을 꿰뚫는 독서를 한다. 그는 공공도서관에서 연체료 50달러의 교육을 수료한다. 잘난 체하는 하버드생의 코를 납작하게 해주고, 노벨상을 받은 수학자가 20년에 걸쳐 증명한 내용을 하룻밤에 증명해낸다. 이것은 영화 속에서만 있는 이야기일까?

자신의 분야에 뚜렷한 업적을 남긴 수많은 인물이 자신을 만든 건 책이었다고, 도서관이었다고 얘기한다. 실제로 천재들은 책에 빠져 산다. 그 몰입을 통해 무언가가 창조된다.

영화 속 윌이 어린 시절의 상처를 안은 채 버림받기 두려워 사람들을 거부하고 살아간다는 걸 알게 됐을 때 마음 아팠다. 하지만 윌은 책을 읽고 그것을 표현할 줄 알았으며, 직장조차 다른 곳이 아닌 MIT였다. 이는 그것을 통해 자신의 내면을 치유하는 과정이었다고 할 수 있다.

〈굿 윌 헌팅〉의 윌을 보면서 많은 생각을 했다. 진짜 공부란 뭘까? 진짜 공부는 궁금한 것, 호기심에서 시작된다. 그 호기심을 책으로, 사색과 몰입으로 해결하는 것이 공부다. 윌은 그저 스스로 좋아서 그것을 찾고 책을 편다. 진정한 공부는 책에서 시작되고 그것으로 끝난다. 윌의 말처럼 연체로 50달러면 그만일 수 있는 것에 우리는 지나치게 많은 돈과 엄청난 희생을 퍼붓고 있는 건 아닐까?

《7번 읽기 공부법》의 저자 야마구치 마유는 도쿄대 법학과를 수석으로 졸업하고 현재 변호사를 하고 있다. 그녀는 사교육을 전혀 받지 않고 오로지 독학으로 원하는 시험에 모두 합격했다. 그녀는 자신의 합격 비결이 7번 읽기 공부법이었다고 말했다. 모든 책을 7번 통독하는 것이 비결이라는 얘기다. 그렇게 해서 내용을 완전히 습득해 자신의 것으로 만든다. 합격의 비결이 그저 독서라고 하니 놀라울 따름이다.

그런데 실제로 성적이 높으면서 그것을 유지하는 학생들의 공부법을 보면, 7번 읽기 공부법과 크게 다르지 않다. 대개는 교과 내용과 참고서를 먼저 정독하고 모르는 내용을 샅샅이 찾는다. 그리고 정리를 시작한다. 다시 한 번 보기 좋게 정리한다. 문장으로 쓰기보단 마인드맵 형태를 주로 선호했다. 그렇게 정리해서 한눈에 모든 내용을 살펴볼 수 있도록 하고, 반복하는 방법을 사용했다. 한눈에 보기 좋게 노트 정리를 하고, 반복해서 보는 것이 고득점의 비결이라 할 수 있다.

야마구치 마유도 이러한 방법을 선택한 것이다. 마유는 중학교 무렵 읽기에 중심을 둔 공부법을 시작했다. 시험 범위가 정해지면 가볍게 한 번 읽어본 후 같은 방식으로 되풀이한다. 7번을 읽어도 이해되지 않으면 더 많은 횟수로 반복한다. 한 번씩 읽는 횟수가 늘어날 때마다 다른 방법으로 읽는다. 6번째 읽기 이후부터는 쓰기를 추가한다. 쓰기 과정도 포함되는데 내용을 모조리 베끼는 필사보다는 초서법을 추천한다. 마유는 이 방법으로 구석구석 시험 대비를 했고, 모두 좋은 성적을 받았다. 이후 모든 시험에 합격했다.

그녀는 '읽기' 자체가 최고의 공부법이라 자신한다. 최고의 공부법은 다른 것이 아니라 독서다. 수많은 천재가 독서를 통해 세상을 바라보고 몰입하고 창조한다. 독서 자체가 최고의 공부인 셈이다. 사실 그 이상도 이하도 아니다.

당신의 아이에게 도서관을 선물해라. 책을 쥐여줘라. 훗날 사사건건 아이의 삶을 지도하지 않아도 자신의 삶을 살아나갈 것이다.

실제로 아이들을 가르치며 내가 교훈으로 삼았던 한 가지가 있다. 아이가 태어나면 어려서부터 책 읽는 습관을 길러주어야겠다고 다짐한 것이다. 나는 영어유치원, 비싼 학원, 과외를 시키는 것에 큰 비용을 치르고 싶지 않았다. 아이를 위해 내 모든 경제적인 것들을 희생하고 싶지 않았다. 대안이 없었다. 책을 읽혀야 했다. 사교육을 책으로 해결하는 것이 투자금액 대비 효과가 가장 컸다.

아이에게만 책을 읽힌다는 것이 마음에 걸렸다. 내가 책을 읽지 않으면 안 될 것 같았다. 그 모습과 태도도 닮아버릴 것 같았다. 그것이 두려웠다. 아이가 나보단 나은 삶을 살길 바랐다. 그래서 내가 책 읽기를 먼저 시작했다.

내 아이를 위해 시작한 이 프로젝트에서 최대 수혜자는 바로 나다. 책 읽기로 내가 성장하고 있다. 아이가 내 인생을 바꿔놓았다. 당신도 아이를 보며 시작했으면 좋겠다. 당신이 책을 읽어야 아이도 책을 읽기 때문이다.

다개국어로
세계를 품어라

충남 서천의 작은 산골 마을. 저녁이 되면 불빛 하나 없는 시골이다. 이곳엔 영어학원이 한 군데도 없다. 그리고 이곳에 학원은 고사하고 과외 한 번 받지 않은 영어 천재가 있다. 아이 스스로 영어를 익힌 것이다. 아이는 독학한 영어 실력으로 대학에 입학했다. 불과 열네 살에 말이다. 한남대학교 린튼 글로벌 칼리지로, 전 과목을 원어민 교수가 영어로 강의한다. 이 놀라운 이야기의 주인공은 바로《산골 소년 영화만 보고 영어 박사 되다》의 저자 나기업이다.

출간이 10년이 조금 안 된 책인데 아이를 낳고서야 손에 쥐었다. 어떻게 하면 돈 안 들이고 스트레스를 줄이면서 교육할 수 있을까를 고민했다. 그때 온라인 중고서점 검색을 통해 알게 된 책이다. 내용은 정말 놀라웠다. '내가 조금만 더 일찍 알았다면 나도 해봤을 텐데…' 하는 아쉬움이 남았다. 그래도 괜찮다고 위로했다. 우리 아이가 있지 않은가.

제목 그대로 그는 영화를 즐겨 본다. 여기서 '즐겨 본다'는 의미는 비디오테이프가 끊어질 때까지 본다는 얘기다. 그는 영화를 무한 반복해서 본다. 마치 반복 독서를 하듯이. 영화는 원어와 원어 자막으로 되어 있다. 다섯 살 때부터 보기 시작한 것을 지금껏 이어오고 있다. 반복해서 본 영화들은 대사를 모두 외워버렸다. 아니 저절로 외워졌다. 이 단순한 방법이 그만의 영어 공부법이다. 대사만 암기한 것이 아니다. 감정을 실어 연기도 한다. 반복 시청으로 얻은 것은 회화만이 아니다. 그는 문법을 따로 공부할 필요가 없었다. 외워진 대사들을 통해 문법 규칙들이 절로 터득되었다.

나기업의 학습법은 그의 아버지의 학습법과 비교된다. 근 40년이 넘게 영어 공부를 해오신 그의 아버지는 "사전이 이렇게 낡을 정도로 씨름해야 영어를 마스터할 수 있다"고 말씀하셨다. 그 한마디에서 아버지의 영어 공부법이 눈앞에 그려졌다.

나 또한 거기서 크게 벗어나지 않았음을 고백한다. 그런데 문법을 위주로 한, 사전을 들여다보며 하는 영어 공부는 효과가 없다. 그것은 바로 내 영어 실력이 증명한다. 이것을 잘 지켜 공부할수록 원어민 앞에서는 도리어 꿀 먹은 벙어리가 될 수 있다. 말 그대로 벙어리를 만드

: 新사임당 자녀교육 :

는 삽질일 뿐이다. 이런 영어로는 뉴스 한마디도 제대로 알아들을 수 없다. 외국 영화를 자막 없이 볼 수도 없다. 그 엄청난 삽질 영어에 내 학창 시절을 전부 쏟아부었다. 답답할 따름이다. 그 작은 산골 마을에서 예쁜 소나무 묘목처럼 자라난 기업이 예쁘기만 하다.

가정에서 외국어 공부를 한 것은 기업뿐만이 아니다. 서찬송이란 친구도 있다. 그는 8개국어가 가능하다. 그는 여러 번 방송을 통해 알려졌다. 찬송은 세계 여러 나라를 다니며 어려운 이웃을 돕겠다는 멋진 꿈을 꾸고 있다. 그것을 위해 다개국어를 한다. 중요한 점은 누군가가 다개국어를 한다는 것이 아니라 어떻게 그것을 가능하게 했는지일 것이다. 그는 어떻게 8개국어를 가능하게 했을까?

찬송의 학습은 사교육 없이 이루어졌다. 장소는 가정이었다. 그런데 찬송의 엄마는 학창 시절 영어가 가장 어려웠다고 고백한다. 영어를 할 수 없는 엄마와 함께 영어를 먼저 학습한 찬송. 이게 가능할까?

찬송의 외국어 학습법 역시 영화다. 흥미 있는 영화를 보면서 절로 영어를 터득했다. 영화를 통해 많은 양의 듣기를 했고 그것이 쌓여 실력이 된 것이다.

바로 이것이다. 이 두 가지가 최고의 어학 공부 비결이다. 바로 적용해보라. 나도 아이에게 적용해보고 있다.

솔빛 또한 엄마의 권유로 어학연수를 떠난다. 어디로? 바로 집으로 말이다. 어떻게 집에서 어학연수를 할 수 있을까?

어학연수를 간다는 것은 원어민이 아이의 옆에 붙어 원어로 대화를 해주고, 외국의 문화를 경험할 수 있다는 장점이 있다. 솔빛 엄마는 아이에게 가정에서 그 두 가지 환경을 제공해준 것이다.

아이는 가정에서 DVD와 오디오를 통해 영어 흘려듣기를 일상적으로 했다. 어느 정도 효과가 있었다. 이번엔 '정따말(정확하게 따라 말하기)'과 '연따말(연속해서 따라 말하기)'을 개발하여 학습 효과를 극대화했다.

솔빛은 그동안 영어 사교육을 수없이 받았지만 큰 성과를 거두지 못했다. 하지만 엄마와 함께한 1년간의 어학연수로 한 방에 극복할 수 있었다. 사실 말이 어학연수지, 실패한 사례를 수없이 봤다. 정확히 말하면 가성비 대비 절대적 실패다. 영어는 고사하고 좋지 않은 문화만 배워오는 이들도 있었다. 한국으로 돌아와 부모와의 갈등이 깊어진 경우도 있었다. 한두 달 어학연수는 사실 효과가 없다. 부모 없이 가는 유학은 실패율이 높아질 수밖에 없다.

그리고 당신이 기대하는 것처럼 그 원어민은 내 아이 옆에만 붙어 있어 주지 않는다. 상식적으로 생각해봐도 당연한 일이다. 누가 그 일을 해줄 수 있겠는가? 오히려 아이는 두려운 마음에 집 밖으로 나가지 않고 한국 사람만 만나다 오는 경우가 태반이다.

: 新사임당 자녀교육 :

가정에서 어학연수를 하면 다음과 같은 큰 장점이 있다.

첫째, 원어민이 늘 내 옆에 '항시 대기'하고 있다는 점이다. 외국어를 배우기에 가장 좋은 콘텐츠는 사실 DVD(영화, 언어학습 프로그램)라고 생각한다. 원어민 언어를 늘 들을 수 있고, 언제든 반복할 수 있다. 그것은 밤낮없이 당신의 아이를 위해 '항시 대기'하고 있다. 새벽에도 문제없다. 또한 DVD에서 나오는 콘텐츠는 질적으로도 우수하다(물론 엄마가 옆에서 영화의 수준을 가려내야 하는 수고는 있다. 하지만 특별히 문제되지 않는다면 아이가 좋아하는 영화가 학습 효과도 높다).

둘째, 엄마가 늘 옆에 있어 줄 수 있다는 점이다. 엄마가 옆에서 지켜볼 수 있기에 아이도 안정감 있는 상황에서 공부할 수 있다. 지속적으로 나만을 위하는 사람, 바로 엄마가 응원하고 칭찬해주면서 아이의 학습 욕구를 끌어내 줄 수 있다. 엄마는 그저 옆에서 자기 할 일 하면서도 잘한다는 몇 마디만 해주면 된다.

셋째, 가정에서 돈 한 푼 없이도 할 수 있다는 점이다. 정말이다. '뜻이 있는 곳에 길이 있다'고 했다. 상황이 열악하고 뜻이 간절하면 하늘은 언제든 길을 열어주기 마련이다. 나는 아이의 외국어 책 비용에 대한 부담감을 크게 느꼈다. '영어책도 많이 사줘야 한다는데 어쩌지?'라는 고민은 며칠을 못 넘겼다. 바로 우리 옆 동네에 영어 도서관이 있었다. 그곳엔 영어책이 정말 많다. 아이 교육용 DVD도 무료로 대출할 수 있다. 요즘엔 인터넷 환경이 좋아진 덕에 많은 자료를 쉽게 구할 수 있다. DVD를 통한 외국어 학습법을 활용하면 비용은 얼마든지 줄일 수 있다.

지금은 교통·통신의 발달로 나라 간 장벽이 허물어지고 있다. 오히려 이것을 빨리 시도하려는 세계화 움직임은 늘 있었다. 아이들은 영어뿐만 아니라 강대국의 언어들을 배워야 한다. 요즘은 영어유치원에서도 중국어는 기본이다. 어린아이들마저도 예외가 아니다. 요즘 아이들에게 필수이지 싶다. 마치 우리가 과거 영어를 꼭 배워야 한다고 열을 올렸던 것처럼 말이다.

엄마들끼리 모여 아이들에게 다개국어를 가르치는 인터넷 카페도 있다. 그 모임을 뉴스 기사로 읽었다. 들여다본 결과 엄마들의 열정이 정말 대단했다. 어린아이가 중국어를 줄줄 읽고, 스페인어로 인사하는 모습에 놀라고 말았다. 이 카페를 통해 성장한 아이들은 책 읽기뿐 아니라 다개국 회화도 가능하다고 한다.

'슈퍼 맘'이라고 불리는, 이 카페를 개설한 박현영 작가는 자신의 딸을 이러한 방법으로 키웠다. 자신의 강점인 영어 말고도 여러 나라의 언어가 가능했다. 엄마는 불가능한 언어들마저 회화가 가능했다. 아이는 한국에서 자란 것 같지 않았다.

일부에선 어린아이들을 혹사하는 것 아니냐고 야단이다. 뉴스에 달린 댓글들은 더 가혹했다. 실제로 아이에게 다개국어는 필요하다. 시대가 다개국어 인재를 원하고 있다. 아이에게 중요한 것은 다개국어를 하느냐 마느냐의 문제가 아니다. 학습 방법의 문제를 놓고 의논해야 한다. 강제적인 학습이 아니라 아이의 자발적인 학습이라면 막을 이유가 없다. 모국어를 일순위로 놓고 그 위에 다개국어를 쌓아간다면 문제 될 것이 없다.

어려서부터 튼튼한 모국어를 바탕으로 이중 언어를 습득한 아이들은 성장했을 때 타 언어 습득력이 월등히 좋다. 이미 검증된 사실이다. 그래서 외국어를 잘하는 사람들은 금세 또 다른 나라의 언어를 배운다. 2개국어를 하는 것보다 3개국어 4개국어를 하기가 더 쉽다고 한다. 어릴 적에 이중 언어에 노출되는 일은 두뇌를 개발시키는 것이 분명하다.

7개국어가 가능한 작가 조승연, 4개국어가 가능한 가수 헨리, 4개국어 가수 에릭 남. 이들이 가진 외국어 능력은 보는 이들의 관심을 불러온다. 사람들은 누구보다 외국어에 능통한 사람에게 매력을 느끼고 그들을 대접한다. 과거에도 외국어를 할 줄 아는 사람은 대접받고 인정받았다. 그 결과를 놓고는 대단하다고 인정하면서 그것을 향해 노력하는 과정을 보고는 비난하는 모습은 비겁하다.

어느 시대보다 아이를 열심히 가르쳐야 할 때다. 가장 효율적인 방법으로 말이다. 가장 중요한 것은 무엇을, 어떻게 가르치느냐다. 평범한 가정 형편으로 장기간의 어학연수나 원어민 수업은 부담이 된다. 다개국어를 한다며 각 과목당 원어민 수업을 받는다면 무너질 가정이 한둘이 아닐 것이다. 외국어의 필요성을 알고 있다면, 그것을 시도하지 못하고 머뭇거리고 있다면, DVD를 통한 학습을 추천한다.

영화를 통해 외국어에 흥미가 생겼다면 원서 읽기까지 도전해야 한다. 앞서 소개한 이들 역시 영화만 즐겨 보진 않는다. 영어로 된 원서들도 즐겨 읽는다. 이렇다 보니 문법을 따로 공부할 필요가 없었던 것이다. 읽는 속도 또한 빠르다. 빠른 대사의 원어 자막을 눈으로 좇다보니 영어 속독은 덤으로 따라왔다. 다양한 문화권의 원서를 읽다 보면 그들의 문화와 관념을 배울 수 있다. 다른 문화권의 사람을 만났을 때 공통의 관심사를 공유할 수 있고 서로를 이해하기가 쉽다.

다개국어에 관한 많은 책을 찾아 읽어보기 바란다. 그리고 자녀들이 다개국어를 접하게 하라. 더 크게, 더 넓게, 더 다양하게 세계를 경험하게 하라.

여행으로
추억을 쌓아라

"누나, 여기 언덕에서 오뎅 팔면 장사 잘되겠죠?"

유럽 배낭여행 중에 남매를 만났는데, 그중 남자아이가 내게 던진 농담이다. 배고픔과 추위를 견디며 어딘지 모를 언덕을 오르고 있을 때 뜬금없이 오뎅 사업을 제안한다. 힘든 것이 목 끝까지 차오르지만 웃으며 사업계획을 세워본다. 그러는 동안 언덕을 다 내려왔다. 우리는 이미 오뎅 가게를 두 번은 차리고 접었다.

수년 전 배낭여행을 갔을 때 일이다. 대학을 졸업하고 그간 모은 돈을 들고 유럽으로 향했다. 난생처음 떠나는 해외여행이었다. 그곳에서 함께 여행 온 남매를 만났다. 힘든 여정에도 그런 내색을 하지 않고 소소한 유머를 날리던 아이들. 이상하게 함께하면 힘이 났다.

그들은 이곳에 온 것이 처음이 아니었다. 어릴 적 부모님이 아이들을 데리고 여행을 많이 다니셨다. 단순히 먹고 놀고 오는 여행이 아니었다. 많은 것을 느끼고 경험할 수 있는 여행을 준비하셨다. 넉넉한 집이 아니었다. 그것을 위해 많은 것을 희생하셨다. 하지만 아이들과 떠난 여행은 늘 가족애를 돈독하게 해주었다. 아이들과 쌓은 추억은 돈 주고는 살 수 없는 값진 추억이었다. 가족 모두에게 여행은 소중했다.

아이들이 초등학생이 된 후로는 해외여행을 한 번씩 다녀왔다. 급기야 가족회의 끝에 유럽 배낭여행을 결정했다. 가족 모두가 손꼽아 기다렸다. 배낭여행이 시작됐다. 보름이 넘는 기간이었다. 부모님은 직장 문제부터 여행비용까지 많은 부분을 희생해야 했다. 하지만 아이들에게 새로운 세상을 보여주고 싶다는 마음이 더 간절했다. 간절한 마음은 행동하게 했다.

남매는 부모님과 스위스에서 눈썰매를 탔던 일, 외국인들 가득한 사이에 끼어 지하철을 탔던 일(그 가족은 번잡한 지하철 속에서 서로를 잃어버릴까 봐 손을 잡고 꼭 붙어 있었다), 빵 몇 조각으로 저녁을 해결한 일, 집시들이 많은 역 주변에서 꼭 붙어 다닌 일, 하룻밤 숙소를 대신할 기차를 놓쳐 역에서 교대로 보초 서며 잠든 일 등을 주고받았다. 모든 것이 즐거움 넘치는 이야깃거리였다. 늘 마음에 남아 있는 추억의 장소였다. 한 번은 돌아가 봐야 할 고향처럼 그리웠다. 마침 기회가 되어 이번엔 둘이서 여행을 온 것이다.

이들은 부모님의 희생 덕분에 마음속에 가족과의 추억이 많았다. 가족과의 즐거웠던 기억들은 마치 이들의 재산과도 같았다. 두고두고 꺼내 먹을 수 있는 거대한 창고처럼 말이다.

남매는 공부도 잘했다. 오빠는 의대에 여동생은 교대에 다니고 있었다. 남매의 가족 스토리를 엿듣는 동안 그들이 공부하는 데 가족과의 추억이 큰 동력이 되었음을 느낄 수 있었다.

추억이 많은 아이는 스트레스를 버텨내는 힘이 강하다. 이들은 공부를 할 때도 다른 아이들보다 낙심하거나 포기하는 일이 적다. 좋은 추억으로 쌓인 가족과의 유대감은 안정된 마음을 주기 때문이다. 아이가 무엇을 할 때든 아이를 편안하게 해준다. 긴장되고 두려운 상황에서도 이겨내는 힘이 누구보다 강하다.

아이가 어려운 일을 해내고 견디는 차이는 작은 것에서 온다는 생각이 들었다. 스스로 곱씹을 추억과 좋은 기억이 없는 사람들은 쉽게 자책한다. 무너지기가 쉽다. 반면, 좋은 추억은 포기하고 싶은 순간에 위로가 되어준다. 이것이 없는 아이들은 포기가 빠를 수밖에 없다. 버텨낼 힘이 없기 때문이다.

아이들은 해마다 네 번이나 되는 거대한 시험을 치른다. 공부를 안하는 아이라고 해서 시험에 부담을 느끼지 않는 것은 아니다.

"저는 그런 거 신경 안 써요. 엄마가 공부 못해도 된다고 했어요."

습관처럼 이런 말을 내뱉고 다니는 아이도 시험 결과가 나오면 죽을상을 하고 나타난다. 시험은 성적이 매겨지고 서열이 매겨지는 일이다. 아이들은 점수대로 자신을 판단하고 비관하기가 쉽다. 이번엔 꼭 성적을 올려보겠노라고 열심히 하던 아이가 시험이 어려워 실수를 하는 일도 간혹 있다. 그러면 대부분 축 처진 모습으로 이렇게 얘기한다.

"저는 진짜 머리가 나쁜가 봐요. 돌머리예요. 전 안 돼요."

대부분 아이는 부모님이 맞벌이를 하셨다. 그것도 장사를 하셔서 쉬는 날도 제대로 쉴 수 없는 경우도 많았다. 아이들과 추억을 쌓을 시간이 없었다. 안타깝기만 했다.

중학교 1학년을 맞던 여름 무렵 다은이가 왔다. 성격이 긍정적이고 밝은 아이였다. 들어온 이유를 물어보았다.

"제가 공부를 못하는데요, 특히 수학이 너무 어려워요."

등수가 하위권이었다. 하지만 다은은 워낙 겸손하고 밝았다. 느낌이 좋았다. 문제풀이하는 것과 노트 정리하는 것을 하나씩 봐주면서 방법을 알려주었다. 아이는 스펀지 같았다. 처음엔 눈에 띄게 수학 성적만 오르더니 나중엔 등수가 몇십 등씩 뛰어올랐다. 그러다가 반에서 2, 3등을 다투는 상황이 되었다. 성적이 눈에 띄게 오르니 친구들도 선생님도 놀라워했다. 아이의 얼굴은 이미 공부를 즐기고 있었다. 흥미진진한 게임을 하는 듯이 즐거워 보였다. 진짜 공부에 흥미를 갖

：新사임당 자녀교육：

게 된 것이다.

　티격태격했던 같은 학년 남자아이도 하나 있었다. 그 아이 역시 수학자가 꿈이라며 열심히 했다. 집안 환경이며 형편이며 남자아이가 더 마음에 쓰였다. 나름대로 더 신경을 써주었다. 그런데 남자아이는 등수가 일정 수준을 넘어가지 못했다. 들어올 때의 등수는 남자아이가 눈에 띄게 높았다.

　한번은 둘이서 경쟁구도를 만들며 이번 시험에서 서로를 이기겠다고 이를 갈았다. 그런데 같이 공부하던 다은의 성적만 눈에 띄게 오르자 아이는 이내 포기했다. 포기가 빨랐다.

　둘의 차이가 뭘까 고민해봤다. 학원이 쉬는 주말, 가까운 유원지로 바람을 쐬러 나갔다. 그곳에서 다은의 가족을 보았다. 먼발치서 보았는데도 화목한 분위기가 전해졌다. 부모님은 아이들과의 시간을 중요하게 생각하셨다. 그리고 늘 여행을 다니셨다. 가까운 곳이라도 들러 가족끼리 오붓한 시간을 갖곤 했다. 아이에겐 곱씹을 추억이 많았다. 가족과의 모든 시간이 아이에게 추억이었다. 그리고 유난히 부모님과의 사이가 좋았다. 잠깐 우울한 일이 있거나 성적이 떨어져도 금세 툭툭 털고 웃고 있다. 그냥 다시 하면 된단다.

　남자아이는 아니었다. 가족이 함께 보내는 시간이 없었다. 한 번씩 외출하는 날마저도 분위기가 좋지 않아 힘들다고 했다.

이것을 알고 난 후 이 두 아이를 가른 것은 여행이라는 생각이 들었다. 여행을 통해 추억을 쌓고 자신의 어려움과 실패를 아무것도 아닌 것처럼 털어버릴 수 있는 관점의 전환이 필요하다. 이것이 안 되는 아이들은 자신의 힘든 상황을 털고 일어설 힘이 부족하다.

여행으로 만들어진 가족과의 추억이 아이의 지능을 결정하는 것은 아니다. 하지만 아이의 지능을 발휘하는 정도를 결정해준다. 아이에게 쌓인 가족과의 추억은 아이의 능력을 끌어낸다.

"여행은 우리가 사는 장소를 바꾸어주는 것이 아니라. 우리의 생각과 편견을 바꾸어주는 것이다."

_아나톨 프랑스

여행은 생각을 바꿔주고 편견을 없애준다. 나는 복잡한 일이 생기면 가까운 곳으로 드라이브라도 나선다. 보온병에 커피 한 잔 담아서 가까운 지리산이나 섬진강으로 향한다. 푸른 산과 강을 보고 나면 어느새 마음이 씻긴다. 돌아오는 길에 붉은 석양이 다 저문 벚나무에 걸려 내려가는 모습을 보고 있노라면 가슴에 보석 하나 담아오는 기분이다. 복잡한 일들은 어느새 작아지고, 마침내 잊힌다. 여행은 내 앞에 큰 산처럼 보이는 해결하기 힘든 것들을 멀리서 볼 수 있도록 기회를 준다. 그때 비로소 생각한다.

：新사임당 자녀교육 ：

'아, 아무것도 아니구나.'

내가 할 수 있는 일은 오늘 한 걸음을 내딛는 것뿐이다. 그런데도 나는 마치 산을 옮겨야 할 것처럼 기를 쓰고 있었다는 것을 깨닫는다.

이것을 알고 난 후로는 아이와 자주 여행한다. 자연을 느끼게 해준다. 산새 소리와 강물 소리를 들려주고, 세상의 단어로 설명할 수 없는 자연의 색을 보여준다. 우리는 돈을 내지 않고도 정화되고, 풍부한 감성을 선물 받아 돌아온다.

방숙희의 《양길엄마처럼 자기 주도적인 아이로 키워라》를 보다가 여행의 즐거움을 정리해놓은 부분이 눈에 띄었다. 문단 제목만 정리하자면 다음과 같다.

첫 번째, 여행은 창의력의 원천이다.

두 번째, 여행은 성격 좋은 아이를 만든다.

세 번째, 여행을 하면 아이의 감성이 풍부해진다.

네 번째, 여행을 통해 예의와 질서를 배운다.

아이에게 여행이 얼마나 중요한지를 한눈에 보여준다. 저 네 가지의 즐거움은 아이의 것만이 아니다. 아이를 위해 함께한 여행은 내게도 창의력과 여유와 풍부한 감성을 선사한다. 그리고 질서를 알게 해준다.

어려서부터 맞벌이 부모님 덕에 함께 여행한 기억은 손에 꼽을 정도다. 부모님과 함께한 시간이 적었다. 추억이 많지 않았다. 그런 까닭에 아버지는 내게 늘 어려운 존재였고, 엄마는 나를 이해하지 못한다고만 생각했다. 아이와 함께하는 여행을 통해 정작 내 부모님과는 그러지 못했던 아쉬움이 남는다. 하지만 여행은 내게 말할 수 없는 위로와 치유를 준다. 그 시간을 조금씩 보상받는 느낌이다.

여행은 아이에게도 또 우리에게도 무한한 가능성을 선물한다. 질서를 깨닫게 한다. 아이들에게 지식을 하나 더 가르치는 것이 중요한 것이 아니다. 더 값진 일은 여행을 선물하는 것이다. 여행은 가족을 가깝게 해준다. 찌들어 비뚤어진 마음조차 다시 들여다볼 수 있도록 기회를 제공한다. 그렇게 서로를 더 이해할 수 있도록 해준다. 이 사소한 추억거리들은 아이들에게 살아가는 동력이 되어줄 것이다.

여행을 통해 아이와의 추억을 쌓아라. 차곡차곡 통장에 저축하듯이. 언제든 아이가 꺼내어 추억을 곱씹을 것이다. 그것으로 아이는 힘든 상황 가운데서도 툭툭 털고 일어날 수 있다. 아이에게 위로가 되고, 그것이 또 저력이 되기 때문이다.

인문학을
친구로 만들어라

미국 메릴랜드의 아나폴리스에 있는 세인트존스대학. 요즘 큰 관심을 받고 있는 곳이다. 여기에 한국 교육의 대안이 있는지도 모르겠다. 이곳은 현재까지 89명의 노벨상 수상자를 배출했다. 우리나라의 수상 이력이 노벨평화상 하나임을 생각할 때 정말 놀라운 숫자다.

세인트존스에 입학이 허가된 학생은 입학 전 100여 권의 고전 서적 목록을 받게 된다. 학생들은 학년에 따라 시대순으로 정해진 책을 읽는다. 1학년 때는 그리스 철학을 읽고, 2학년이 되어선 16~17세기의 고전을 읽고, 3학년이 되면 18~19세기, 4학년 땐 20~21세기의 양서를 읽는 것이다. 이것을 읽고 준비하는 것이 수업에 참여하는 학생이 준비해야 할 모든 것이다. 책을 읽고 참여한 수업에서는 오직 그것으

로만 토론한다. 필기하는 학생도 없다. 수동적으로 듣기만 하는 학생
도 없다. 이럴 경우 수업에서 쫓겨날 수 있다. 이들은 시끄럽게 자신의
의견을 얘기하고 서로 충돌도 하면서 토론한다. 한 가지 규칙은 서로
존댓말을 사용하며 서로를 존중해야 한다는 것이다.

세인트존스대학의 또 다른 특징이 있다. 교수가 없다는 점이다. 학
생들에게 권위를 가지고 지식을 전달하는 교수가 없다는 사실은 상
당히 의아하다. 교수 대신 튜터가 있다. 튜터는 개별 지도교사를 뜻한
다. 튜터는 토론 수업에 참여는 하되, 절대 가르치지 않는다. 그저 생
각이 고이거나 치우치지 않도록 끊임없이 질문한다. 그것이 튜터가 유
일하게 하는 일이다.

조한별이 쓴 《세인트존스의 고전 100권 공부법》에 나오는 튜터의
질문을 잠깐 살펴보자. 질문은 이런 식이다. '하늘색이 왜 하늘의 색
인가.' 하늘은 끊임없이 색이 변한다. 아침, 점심, 늦은 오후, 저녁 하늘
의 색은 모두 다르다. 그래서 하늘색을 하늘의 색이라 말할 수 없다.
그러므로 바다색 또한 파란색이라고만 할 수도 없다.

튜터는 학생들 안에 고정되고 편견이 되어버린 생각들을 끊임없이
깨부순다. 그리고 본질을 생각하게 한다. 튜터의 독서는 학생들보다
도 더욱 치열하다. 질문을 해야 하는 튜터는 학생보다도 열정적이어야
한다.

세인트존스의 또 다른 특이한 점이 있다. 바로 시험이 없다는 것이다. 이것은 토론식 수업을 하는 대학에서 가장 중요한 대목이다. 만약 시험이 있다면 학생들은 곧바로 정답을 찾으려고 할 것이고, 그렇다면 우리의 주입식 수업과 다를 바 없게 될 것이다. 세미나 수업의 결정적인 역할을 하는 튜터 또한 빛을 잃고 말 것이다.

주입식 교육의 틀에 갇혀 살아온 우리에게 세인트존스의 교육은 새롭기만 하다. 하지만 이 방법은 새롭게 나타난 것이 아니라 여러 곳에서 소개하는 전통적이고 가장 훌륭한 교육법이다.

세인트존스를 들여다보면 내 아이를 꼭 그곳에 보내야만 할 것 같다는 마음에 사로잡힌다. 나 또한 외국의 사립대학을 살펴보면서 '아! 있는 사람들은 이래서 외국 사립대학을 보내는구나!'라는 생각과 함께 좌절감을 느끼곤 했다. 순간 빈부의 격차가 서럽게만 느껴졌다.

'뜻이 있는 곳에 길이 있다'는 말은 내가 좋아하는 말 중 하나다. 답은 있었다. 우리 아이가 꼭 그곳에 가야만 하는 것이 아니다. 《세인트존스의 고전 100권 공부법》을 쓴 조한별의 인터뷰 내용이다.

"(…) 조금 극단적으로 말하자면, 그곳에서의 공부는 여기서도 할 수 있어요. 중요한 건 책을 읽고 어떻게 생각을 키우고 어떤 글을 쓸 것인지 고민해보는 시도입니다. 막상 가면 언어를 따라가기도 벅차기 때문에 정말 자기가 원하는 걸 파악하는 게 가장 중요해요."

여기서도, 바로 여기서도 할 수 있단다. '여기서도 할 수 있어요'라는 대목은 내게 '여기서라도 해야만 합니다! 당장 시작하세요!'라는 가슴속 울림이 되었다.

'이렇게까지 알게 됐는데… 내 아이에게 당장 고전 책장을 만들어주리라. 그렇지 않으면 난 엄마도 아니지'라는 엉뚱한 생각마저 들었다. 그날 세인트존스대학의 고전 목록을 프린트했다. 당장 책장도 주문했다. 인문학책을 한 권씩 구입해 내가 먼저 읽고 있다.

나는 우리나라에도 '한국의 세인트존스'가 만들어졌으면 한다. 새로운 시도이기에 조심스러울 것이다. 그래서 오히려 지방의 작은 학교라면 더 좋겠다. 이러한 시도를 해본다면 엄청난 일이 되지 않을까? 멋진 반전이 벌써 기대된다.

우리가 만약 집에 세인트존스에서 제시하는 100권이 조금 넘는 고전을 서가에 비치하고 아이들과 함께 읽고, 끊임없이 질문하는 것을 지속할 수 있다면 어떻게 될까? 내가 아이들보다 더 열정적으로 읽고 필사해대며 질문을 준비하는 튜터가 된다면! 부족하지만 여기서 우리가 선택할 수 있는 최선이 아닐까 싶다.

세인트존스 고전 목록에는 아쉽게도 동양 고전이 빠져 있다. 함께 서가에 꽂아둔다면 더없이 훌륭할 것이다. 우리 아이는 작은 서가에서 세계 최고의 철학자들과 소통하고 끊임없이 배우고 사색할 것이다. 우리는 대한민국의 작은 아파트에서, 작은 주택에서 끊임없이 16~19세기를 오가며, 나라를 넘나들며 세상을 들여다볼 것이다. 그곳이 바로 세인트존스대학이고, 세종대왕이 최고의 학자들과 토론했던 성균관이 아닐까?

이것을 가정에서 실천해냈던 인물이 신사임당이다. 지금도 혜안을 가지고 자녀에게 부지런히 실천하고 있는 어머니들이 있다. 당신은 이것을 실천해낼 또 다른 신사임당이다. 도전해보고 싶지 않은가?

우리는 아이를 일등으로 만들기 위해 노력한다. 일등으로 만들어야 성공한다는 생각은 늘 우리를 괴롭힌다. 태어난 순간부터 아이의 초·중등 시기까지 집 안 가득히 전집을 꽂아둔다. 아이가 일등을 해야 하므로 생각을 곱씹어야 하는 인문학 서적보다는 동화책, 세계명작, 지식백과, 위인전 등이다. 실제로 많은 책을 읽은 아이들이 학교에서도 두각을 나타낸다. 엄마들 어깨에도 힘이 들어간다.

학교에 들어간 첫해, 알게 된 친구가 있다. 친구 집엔 책이 많았다. 그 집에 가면 친구는 늘 책을 읽고 있었다. 주로 과학류 전집을 즐겨 읽었다. 친구는 어린 시절 독서 덕분에 공부를 잘했다. 똑똑했다. 늘 1, 2등을 도맡아 했다. 어린 시절의 전집 몇 질의 차이였다. 그 아이는 현재 사관학교를 졸업하고 자신의 인생을 살아가고 있다.

학원을 운영하면서 공부 잘하는 아이들을 늘 들여다봤다. 나도 궁금했다. 공부 잘하는 아이들의 집엔 늘 책이 있었다. 전집 단행본이 취향에 따라 분야별로 꽂혀 있다. 어린 시절 열성적인 어머니의 영향으로 늘 책을 가까이했다.

위인전을 가까이하는 아이들은 의협심이 강하고 무슨 일이든 이겨낼 힘이 있었다. 지식백과나 과학·사회 만화를 좋아하는 아이들은 논리적이고 탐구하는 것을 좋아했다. 그리고 그런 아이들이 학교에서 공부도 잘한다. 관심을 보이고 마음을 잡을 땐 1, 2등을 놓치지 않는 아이들이 많았다. 학교를 졸업하고도 일류 대학에 들어가고 일류 회사에 취직한다. 의대, 법대에 들어가 훌륭한 직업을 갖기도 한다. 그들은 시험에 강했다. 자신을 잘 컨트롤했다.

그런데 그저 일등이 아니라 각 분야에서 두각을 드러낸 이들, 각 분야의 1%를 담당하는 이들의 어린 시절을 보게 됐다. 이들은 자기 일을 즐기고, 갖춰진 시스템 안에 자신을 욱여넣는 것이 아니라 자신의 삶을 만들어갔다. 누구도 흉내 낼 수 없는 자신만의 색깔을 창조해나갔다. 이들이 궁금했다. 그저 운이 좋아서인지 어린 시절 무언가가 달랐기 때문인지.

그들은 자신의 어린 시절을 떠올리면서 그 답은 자신의 어머니였다고 얘기한다. 바로 인문학적 삶을 실천하고 있는 어머니였다. 그들은 자연스레 어머니의 인문학적 삶을 흉내 내고 배우며 자란 것이다. 나는 당신에게도 이것을 꼭 실천하라고 말하고 싶다. 이것이야말로 바로 당첨 확률 높은 복권 아닌가?

우리는 이미 인문학이 있고 없음의 차이를 뼈저리게 경험했다. 우리 역사의 아픈 상처, 바로 일제 강점기다. 나는 아무 목적 없이 도서관에 가곤 한다. 눈에 들어오는 책을 찾기 위해 이리저리 돌아다닌다. 그러다 발길은 근현대사 책들이 꽂혀 있는 서가에 머문다. 펼쳐보지 않았음에도 마음이 쓰리다. 언젠가는 봐야 할 책, 슬프지만 알아야 할 그것. 지나치는 것만으로도 마음이 편치 않다. 우리 민족의 아픈 혼이 내게 그대로 담겨서인지 모른다. 왜 우리는 이 아픈 역사를 겪어야 했을까? 우리가 무얼 잘못했기에 수많은 청춘이 죽임을 당하고, 또한 죽음보다 더한 수치와 고통을 당해야 했을까?

조선과 일본의 차이는 독서량의 차이었다. 그 후엔 독서의 질이었다. 결국은 인문학의 차이었다. 나가미네 시게토시의 《독서국민의 탄생》을 보면, 일본은 메이지유신(1867 ~1912)을 거치면서 국가적 독서 문화를 추진한다. 그 전까지는 출판 유통의 속도와 양이 뒤쳐져 있었다. 그러다가 메이지 시대에 엄청난 양의 읽을거리를 공급한다. 그 중심에 인문고전이 있었다. 국가가 추진했지만 국민들 또한 희생했다. 어딜 가도 책을 읽을 수 있도록 했다. 역, 기차, 호텔, 여관, 피서지 어디서든 다양한 독서 장치가 만들어져 있었다. 이러한 곳들은 국민 스스로가 자비를 들여 만들어낸 곳들이다. 비용을 감당하기 힘들자 결국 도움을 요청하는 탄원서를 내기도 했다. 국민 개개인 모두가 헌신적으로 동참했다는 것을 알 수 있다.

국가만이 아니다. 책 읽는 가정은 아이의 성장이 다르다. 결과가 다르다. 책을 읽는 나라가 다른 것처럼 말이다.

진짜 창조적인 아이, 일류를 키우는 엄마는 어린이 전집의 수준에서 끝내지 않는다. 독서의 양으로만 승부하지 않는다. 독서의 질로 승부한다. 그들은 인문학을 한다. 고전, 소설, 클래식, 명화 등 온갖 위대한 것으로 자신의 삶을 채운다. 그것은 마치 중력에 의해 물이 아래로 쏟아지듯 아이에게 쏟아진다. 아이조차 위대한 것들로 적셔진다. 그 아이들은 엄마의 이름으로 잘 포장된 그것들을 거침없이 받아들인다. 엄마의 삶은 아이로서 거부할 수 없는 것이다. 이것은 마치 웅덩이의 고인 물과 샘솟는 옹달샘의 차이와도 같다. 어려서부터 인문학을 접한 아이들은 그렇지 않은 아이들과 틀림없이 달랐다.

아이를 일등으로 만들고 싶다면, 소위 '사' 자 붙여주고 싶다면 위인전을 읽히고 백과를 지독히 읽혀라. 노트 필기를 연습시키고 끊임없이 긴장의 끈을 놓치지 않도록 단련시켜라. 공부하는 방법을 정확히 파악할 것이고 일등을 놓치지 않을 것이다.

하지만 아이를 자유주의 시스템 안에 종속된 삶이 아니라 그것을

ː新사임당 자녀교육 ː

넘어선 창조적 인물, 자기 일을 충분히 즐기고 가치를 만들어내고 시스템을 만들어낼 인물로 키우고 싶다면 지금 당장 인문학을 읽혀라. 엄마가 먼저 더 지독하게 읽어라. 그것이 바로 아이에게 인문학을 친구로 만들어주는 일이다.

글쓰기에
목숨 걸어라

"피할 수 없으면 즐겨라!"

난 이 말을 좋아하려고 애썼다. 하지만 절대로 즐길 수 없는 일들이
있다. 만 24시간 지속된 출산의 고통은 절대 즐길 수 없었고, 아이를
키우는 육아 시간 또한 즐길 수 없었다. 아이와의 즐거운 놀이 몇 시
간은 행복할 수 있었다. 하지만 저녁 무렵부터 시작되는 생떼 앞에서
는 화가 올라왔다. 시간을 불문하고 아이가 원할 때는 책을 읽어주어
야 한다는 고수들의 가르침에 따라 새벽까지 눈 까뒤집으며 책을 읽
어줬는데, 그것도 즐기기 힘든 일이었다.

이 모든 힘든 순간을 즐길 순 없다. 하지만 처절하게나마 버틸 수는
있었다. 그것은 바로 글쓰기에서 나오는 힘이다. 글쓰기는 힘든 순간

위로를 주고 평안을 준다. 지혜를 주고 이끌어주는 힘이 있다. 또한 나를 성장시킨다.

육아계 아이돌 하은 맘은 고된 육아를 즐길 수 없었다. 절대로. 하지만 그녀는 육아를 버텨야 했다. 그 버팀목이 되어준 것이 글쓰기였다고 고백한다. 또한 그녀의 글쓰기는 쓰기 자체만으로 그치지 않았다. 자신의 버팀이 쌓여서 책이 되었다.

그녀의 책은 독자인 내게 책 이상의 것이다. 힘든 육아에 대한 고민의 시간을 대폭 줄여주었다. 그녀의 책에는 자신을 포장하는 모든 것이 빠져 있다. 가장 필요한 날것 그대로가 들어 있다. 가장 쉽고, 싸고, 먹기 좋은 것들이 가성비 최고로 들어가 있다. 그녀의 버팀은 그녀 혼자만의 것이 아니었다. 그녀의 버팀은 한 권의 책이 되었고, 하나의 희망이 되어주었다.

그녀는 현재 중학생 딸을 두고 일하는 엄마가 되어 있다. 초라했던 육아 시기와 비할 수 없다. 그녀는 번데기가 허물을 벗고 나비가 된 듯 가장 아름답고 멋진 프로 엄마가 되어 있다. 육아도 자기 일도 모두 최고로 마무리하고 있다. 그녀의 솔직 담백한, 때론 거친 육아의 고백은 대한민국 엄마들의 공감을 이끌었다. 지금은 육아계의 아이돌이라 할 만큼 많은 팬을 형성하고 있다.

최근 알게 된 《80일간의 세계 일주》의 저자 김도형은 대학에 진학

하기 위해 책을 기획했다. 그는 세계의 대학에 있는 학생회장들에게 메일을 보냈다. 그들을 인터뷰하고 싶다고 말이다. 그리고 즉시 세계 일주를 시작했다. 그들을 만나고 꿈을 물었다. 비행기 타고 도착해서 사진만 찍고 돌아왔던 나의 여행이 생각났다. 나도 양심이 있기에 부끄러웠다.

그의 여행은 여기서 끝나지 않았다. 그는 책을 집필하기 시작했다. 책을 통해 또 한 번의 여행이 시작됐다. 이 한 권의 책은 그의 많은 부분을 바꾸어놓았다. 그는 원하는 대학에 입학했다. 또한 저자로서 강연의 기회가 주어졌다. 저자가 되니 같은 저자끼리의 모임에 참여하게 되었다. 주변 인맥이 달라졌다. 그는 재학 당시 회사에 입사했다. 일자리는 평범한 대학생으로서는 구하기 힘든 것들이었다. 그는 서울극동방송의 정책기획팀과 국회의원 비서로 근무하기도 했다. 이 외에도 다양한 직업을 경험했다. 현재는 진로에 대한 강연과 상담을 하고 있다. 이러한 경험으로 나에게도 꼭 책을 낼 것을 권했다.

열여섯 살의 조승연은 자신만의 공부법을 책으로 출판했다. 어머니가 직접 출판사에 의뢰해 제작되었다. 조승연의 책 한 권은 그의 인생을 바꾸어놓았다. 어린 나이였지만 많은 돈을 번 것은 물론이고 그로 인해 돈에 대해 많은 경험을 미리 해볼 수 있었다. 《세인트존스의 고전 100권 공부법》의 저자 조한별 역시 어린 시절 여행수기를 책으로

낸 적이 있다.

글쓰기 경험이 쌓이면 책을 내는 데 큰 어려움이 없다. 한 권의 책은 세상에 자신을 알리는 수단이 될 수 있다. 자신의 책은 자신만의 진짜 명함이 되어준다. 그리고 굳이 자신을 설명하지 않아도 된다.

글쓰기는 표현의 수단이다. 나는 글쓰기를 시작했다. 종종 친구와 만나 풀던 회포와 수다가 거의 없어졌다. 대단한 변화였다. 친구를 만나는 일은 외로움을 달래기 위한 일이었다. 내 안의 외로움을 글쓰기로 풀어냈다. 글쓰기는 어려움과 고된 상황을 해결하는 도구가 된다. 이것은 표현의 수단이기 때문이다. 글쓰기는 악기를 배우거나 운동을 배우는 것처럼 시간을 필요로 하지 않는다. 글자만 안다면 누구나 언제든 시도할 수 있다. 누구든 글쓰기에 의지할 수 있다.

글쓰기는 자기치유의 수단이다. 글쓰기는 나에게 큰 위안이 되어주었다. 외로움을 극복하게 된 것은 물론이다. 책 읽기가 손거울이라면 글쓰기는 전신 거울이다. 글쓰기를 통해 나 자신을 차분히 들여다볼 시간을 갖게 됐다. 나는 많은 열등감을 가지고 있었다. 이 열등감은 나를 존재 그대로 사랑하지 못하도록 했다. 외부의 시선으로 나를 판단하는 고질병을 가지고 있었다. 그래서 나의 소리에 귀 기울이지 못하고 사람을 어려워하고 끌려 다녔다. 하지만 글쓰기를 시작한 이후론 많은 부분을 자각했다.

어떤 날은 꿈을 꾸다 놀라 깨어난다. 꿈속에서도 글쓰기가 계속되었던지, 몰랐던 것을 깨닫기도 했다. 설거지를 하다가 문득 깨닫기도 한다. 그런데 신기한 사실은 자각만으로도 치유가 시작된다는 사실이다. 그러면서 천천히 마음속에 평화가 찾아온다.

또, 근 5년간을 고민해오던 일이 있었다. 단순히 내 개인적인 신앙의 문제라고 생각하고 있었다. 글쓰기를 시작한 이후로 그것의 본질적인 문제를 찾아냈다. 작지 않은 무엇이었다. 그 하나가 모든 것에 닿아 있었고, 그것이 간접적으로 나의 신앙에 지속적인 영향을 주고 있었다. 그것은 내 인생을 통틀어 옳다고 확신하던 일이었다. 나는 즉시 그 일을 수정했다. 쉽지 않은 일이었지만 다니던 교회를 옮겼다. 만약 글쓰기가 아니었다면 나는 아직도 그 일을 확신하며 살아갔을 것이다.

또한 글쓰기는 나를 이끌어준다. 이것은 책을 쓰며 더욱 확신하는 일이다. 책 쓰기를 결정하고 책의 틀을 먼저 만들고 목차 한 꼭지씩을 완성해간다. 내가 쓰기로 생각한 책이 50 정도였다면 내가 써놓은 글들이 나를 또 이끌어준다. 세상의 소리에 귀 기울이게 한다. 조용히 경청하고 내면의 소리를 귀담아듣게 된다. 그러면 내가 쓸 수 있는 것보다 더 많은 내용과 깊이를 담게 된다. 애초에 생각한 것이 50이었다면 글쓰기를 시작한 이후로 담게 된 내용은 100이 된다.

또한 내가 써놓은 고민과 문제가 하나씩 해결된다. 시기가 분명한 목표들은 나를 점점 더 이끌어준다. 그래서 인생을 살아가는 데 글쓰기는 등대가 되어주고 지도가 되어준다. 환히 보게 하고, 무엇이 옳은지를 그 자리에서 선택할 수 있도록 넓은 시야를 허락해준다. 이것이 끊을 수 없는 글쓰기의 매력이다.

엄마는 운명이니 숙명이니 말하곤 한다. 하지만 나는 아무것도 준비하지 못하고 아이를 낳았다. 누굴 보살필 처지가 아니었다. 내 삶을 온전히 살아내기도 버거운데 아이의 교육마저 내 처지가 된 것이다. 절대 즐길 수 없는 이 상황을 버텨내길 원한다면, 그것도 자기 내면의 성장과 동반하고 싶다면 글쓰기를 하라.

아이에게 기막힌 스펙을 선물하고 싶다면 글쓰기를 지도해라. 그리고 그것들을 모아 책 쓰기에 도전하라. 아이와 지지고 볶아야 하는 그 고난의 시간들이 그냥 흘러가 없어지는 시간이 아니라 모두에게 성장을 선물할 것이다. 그 시간들이 스펙이 되어줄 것이다.

6장

新사임당 자녀교육의
— 대가들

자존감을 키워라:
조세핀 킴의 어머니

최고의 고전, 성경을 선물하다

조세핀 킴은 어려서부터 아버지가 목회를 하셨다. 아버지가 선택하신 곳은 서울의 판자촌이었다. 가난한 살림이었다. 아무것도 해줄 수가 없었다. 기도뿐이었다. 하지만 누구도 해줄 수 없는 것이었다. 아이들에게 가장 귀한 선물이었다.

아이는 자신을 바라보는 어머니의 시선을 고스란히 느낀다. 그것을 보며 자란다. 어머니가 바라보는 시선, 딱 그만큼. 아이를 자신보다 더 높이고, 사랑으로 기도하는 어머니 밑에서 어찌 아이가 삐뚤어 나갈 수 있으랴.

그녀의 어머니는 고민했다. 아이에게 해줄 수 있는 것이 아무것도 없었다. 물질이 풍족하지 못했던 탓이다. 최소한의 용돈을 줄 수도 없었다. 교육적인 지원도 힘들었다. 그럼에도 줄 수 있는 것은 무엇일까?

그것은 바로 성경이었다. 성경은 인류 최고의 고전이다. 성경은 세인트존스대학의 고전 100권 목록에도 들어가 있다. 2학년이 되면 성경을 배우기 시작한다. 조세핀 킴은 성경이라는 고전을 가까이하며 자랐다. 앞서 살펴보았듯 고전을 가까이한 아이들은 창조적인 인물이 될 수 있다. 조세핀 킴 역시 고전의 혜택을 본 것이다.

사실 성경은 없는 집이 없다. 그럼 모든 아이가 조세핀 킴처럼 훌륭한 아이로 자라야 하지 않겠는가? 그런데 실제론 그렇지 않다. 그 이유는 고전을 보는 방법 때문이다. 대부분의 가정은 성경을 그저 모셔놓는다. 성경을 읽더라도 그것을 눈으로 보는 것으로 그치고 만다. 하지만 조세핀 킴의 어머니 주견자는 성경을 그저 눈으로만 보게 하지 않았다. 그것을 아이들 마음속에 새겨 넣도록 애를 썼다. 암송한 말씀은 실천하도록 했다. 말씀에 근거한 꿈을 꾸게 했고, 그러한 삶을 살아내도록 했다.

어머니는 스스로도 그러한 삶을 살아내며 아이들에게 본이 되었다. 그녀는 아이들에게 성경을 읽혔다. 마음에 새겨주고 싶었다. 사람의 말과 잠깐 본 글귀는 잊히기 쉽다. 하지만 어릴 적 암송한 구절은 잊히지 않는다. 그녀는 성경 암송 한 구절당 100원의 용돈을 주었다.

용돈이 없던 아이들은 신이 났다. 그녀는 인센티브제를 적용했다. 많은 구절을 암송하면 그만큼 더 주었다. 조세핀 킴은 욕심 많은 둘째 아이였다. 형제들 중 가장 많은 암송을 했다. 용돈을 더 많이 받고 싶어서다.

암송을 하면 저절로 얻게 되는 것들

1. 무한한 상상력과 창의력을 얻게 된다.

2. 어휘력과 독서능력이 향상된다.

3. 탁월한 말솜씨를 갖게 된다.

4. 건강한 자존감이 생긴다.

5. 주의력과 집중력이 길러진다.

6. 학습 능력과 기억력이 향상된다.

7. 통합능력이 생긴다.

_《말씀 우선 자녀교육》, 이영희, 규장

《말씀 우선 자녀교육》에 나오는 암송의 효과다. 아이들이 암송으로 받은 것은 단돈 100원이었다. 하지만 암송의 가치는 돈으로 환산할 수 없다. 아이들은 인생을 살아갈 최고의 가치를 지니게 되었다.

사춘기가 시작되면 부모와 아이의 갈등도 함께 시작된다. 조세핀 킴은 잠을 줄여가면서까지 공부했다. 주말이라고 쉴 수 없었다. 교회에 참석해야 했다. 아버지는 목사님이셨다. 교회의 봉사자 중 누가 빠지기라도 하면 어김없이 그 자리를 채웠다. 잠이 오는 아침이면 더 화가 났다. 엄마한테 할 수 있는 반항은 문을 꽝 닫고 나가는 것이었다고 한다. 그 순간 누구의 말도 들리지 않는다. 어떤 말도 잔소리일 뿐이다. 하지만 그녀 안에 자리한 말씀들은 듣지 않을 수 없다. 조용한 음성처럼 되뇌어진다.

아이에게 암송시킨 좋은 구절들은 순간 무너질 때, 아무것도 할 수 없을 때 더욱 진가를 발휘한다. 엄마의 이야기는 모두 잔소리가 되지만 어릴 적부터 암송한 글귀들은 듣지 않을 수 없다. 이것이 결정적인 순간 아이를 움직인다.

열등감 대신 자존감을 물려주다

조세핀 킴은 어릴 적 미국에서 생활했다. 4년의 시간이었다. 아버지의 신학 공부로 가족 모두가 함께 유학길에 나섰던 것이다. 혼자서도 힘든 유학길이었다. 가족이 함께한다는 것은 형편상 더욱 힘들 수밖에 없다. 하지만 가족이 흩어질 수는 없었다. 그녀의 가족은 미국에서도 힘든 생활을 했다. 아버지는 학교에 다니셨다. 생계를 책임져야 하는 사람은 바로 어머니였다.

어머니는 다섯 가족의 끼니를 해결해야 했다. 밤새워 일하는 때도 있었다. 하지만 어머니는 우울해 하지 않았다. 신세를 한탄하지도 않았다. 어머니는 그 힘든 삶 속에서도 웃음을 잃지 않았다. 힘든 상황과 처지는 그저 환경일 뿐이었다. 그것이 자신을 대변하는 것이 아님을 알았다. 그저 과정이었다.

어려운 상황 가운데서도 늘 웃음을 짓고 긍정적 사고를 유지했다. 그녀는 어머니의 자존감이 자신에게 그대로 대물림되었다고 말한다. 그것은 자신의 삶을 살아나가는 최고의 무기였다.

"딸의 자존감은 엄마의 자존감이다."

_ 조세핀 김

학원 대신 가난을 통해 더 큰 배움을 얻다

가족 모두가 함께한 유학 덕분에 그녀는 유창한 영어를 구사했다. 어려운 살림에 도움이 될 수 있는 것은 그녀가 영어를 가르치는 일이었다. 그녀의 나이 만 열세 살이었다. 과외가 필요한 아이들을 대상으로 수업을 시작했다. 사는 곳이 판자촌이다 보니 그곳엔 영어 과외를 받을 만한 아이들이 없었다. 멀리 떨어진 곳까지 다녀야 했다. 왕복 4

：新사임당 자녀교육 ：

시간이었다. 지하철을 타고 이동하는 동안은 못다 한 공부를 했다. 그렇게 열심히 살아야 했다. 당시 과외를 받던 아이들은 의사, 변호사를 포함한 부잣집 자녀들이었다. 어린 마음에 사는 것이 비교되고 자신이 초라해 보였다.

'왜 어린 내가 벌써 돈을 벌어야 해?'라는 원망이 터져 나왔다. 하지만 어머니를 보면 그럴 수 없었다. 힘든 그녀보다 더 열심히 또 성실히 살고 계셨다.

어려운 환경이었기에 그녀는 해내야 했다. 그것밖에 방법이 없었다. 그녀는 수업자료도 만들어야 했다. 이것저것 쓰고, 오리며 만들어냈다. 어머니는 그런 그녀를 보고 말했다.

"이것들이 언젠가 너에게 큰 도움이 될 거야."

어머니의 이 말은 그녀가 그 일을 해내는 이유가 되었다. 자존감이 되었다. 실제로 그녀의 경험들은 쌓이고 쌓여 그녀에게 큰 능력이 됐다.

조세핀 킴의 어머니를 보며 크게 감동받은 점은 바로 그녀의 말이다. 그녀는 아이들 앞에서 말 한마디도 그냥 던지지 않았다. 아이들이 싸우고 있는 걸 보면 화가 끓어오르기 마련이다. 화가 치밀어 오르는 그 순간 그녀는 주방으로 달려간다. 물 한잔을 마시며 시간을 번다. 숨을 한 번 들이쉬며 "이 복 받을 아이들아…" 하며 말을 이어나간다.

그녀는 귀한 자신의 아이들에게 함부로 말하지 않았다. 순간의 감정에 말을 실어내지 않았다. 그저 귀한 아이들, 복 많은 딸이라고 시작한다. 그럼 뒷말도 자동으로 정리된다. 아이에게 내뱉은 말 한마디, 자신을 단정해버리는 엄마의 말 한마디, 아이는 그것이 자신이라 믿는다. 그것을 들으며 자라기 때문이다. 조세핀 킴의 어머니는 그것을 알고 있었다.

한번은 조세핀 킴이 40점의 수학 성적을 받아왔다. 어머니는 속이 상했다. 하지만 절대 아이에게 내색하지 않았다.

"괜찮아, 잘했어. 다시 시작하면 돼."

그게 다였다. 그뿐이었다. 아이를 비교하거나 책망하지 않았다. 진심으로 그렇게 생각했다. 성적은 아이가 아니었다. 그녀는 아이를 존재 자체로, 하나님이 허락하신 귀한 선물로 생각했다.

조세핀 킴은 어머니를 통해 존재 자체로 환영받고 사랑받으며 자라났다. 이것은 조세핀 킴에게 자신을 세우는 바탕이 되었고, 자존감이 되었다. 외부의 환경이, 낮은 성적이 자신을 결정지을 수 없었다. 다른 사람들의 시선에서 벗어날 수 있었다. 다른 사람들의 시선에 맞추어 살아야 한다면 얼마나 힘들고 비참한 일인가?

나는 아이를 낳고, 독서와 글쓰기를 통해 내가 얼마나 비참한 삶을 살았는지 깨달았다. 내 삶은 다른 이들의 시선에서 벗어날 수 없

: 新사임당 자녀교육 :

었다. 진정 가치 있는 것을 찾기보다 외부의 시선에 맞춰 인생을 선택했었다.

"그렇게 하면 다른 사람이 널 어떻게 보겠니?"

"그건 안 돼. 이렇게 해."

내 선택이 아닌 타인의 시선, 타인의 선택에 나를 맡기고 살아왔다. 그래서 진정 행복할 수 없었다. 스스로 행복을 선택했다고 믿었다. 그런데 불행했다. 진정 내가 한 선택이 아니었다. 밑 빠진 독처럼 채워지지 않는 공허함을 늘 가지고 있었다.

우리가 아이에게 진정한 자존감을 길러줄 수 있다면 아이의 인생에 얼마나 값진 선물을 주는 것이겠는가. 아이가 스스로 선택하고 자신의 인생을 살아갈 수 있다면 얼마나 행복하겠는가. 최소한 스스로 책임지는 인생을 살 수 있을 것이다. 비교하며 불행을 자처하지 않을 것이다.

어머니는 조세핀 킴에게 가장 큰 세 가지를 물려주었다. 첫째는 최고의 고전, 성경이었다. 둘째는 삶을 지탱할 자존감이었다. 그리고 셋째는 지독한 가난이었다.

사실 이 세 가지는 어쩔 수 없는 그녀만의 교육법이었다. 그녀는 그 외에 줄 것이 아무것도 없었다. 하지만 이것은 다른 아이와 조세핀 킴을 차별화해주었던 절대적인 것들이다.

내게 아무것도 없다고 고민하지 마라. 내가 가진 가난은 가장 값진 것이 뭔지 바라보게 하고 가장 중요한 것만을 아이 손에 쥐여줄 것이다. 칭찬과 사랑은 돈도 들지 않는 데다 아이의 자존감을 높이 세워줄 것이다. 아이에게 비싼 물건을 사주지 못한다고 해서 아이가 값싼 인물이 되는 게 아니다. 오히려 아이는 그 속에서 자신의 방법을 찾는다. 누구도 생각지 못한 뭔가를 창조할 것이다.

최고의 자녀교육은 비싼 사립학교와 사교육이 만들어내지 않는다. 최고의 자녀교육을 만들어내는 것은 바로 어머니다. 오히려 가장 낮은 곳에서 최고의 자녀를 키워낸 어머니 주건자가 이를 증명한다. 가진 것이 아무것도 없다고 고민하지 마라. 내가 줄 수 있는 안에서 최선의 것을 찾아라.

인문학 책장을 준비하라: 조승연의 어머니

그를 처음 알게 된 것은 그의 저서 《조승연의 영어공부기술》을 통해서였다. 고등학교 시절 지인의 선물로 읽은 책이다. 그는 7개국어가 가능하다. 그가 낸 책만 벌써 25권이다.

한 분야의 전문가가 되기 위해서는 10년, 20년, 30년의 시간이 필요하다. 이렇게 됐을 때 자기 분야의 책을 한 권 낼 수 있다고 한다. 하지만 조승연의 책들은 분야의 폭이 넓다. 인문학, 영어, 역사, 공부기술, 미술, 유러피언의 러브 스타일 등 관심 분야가 다양할뿐더러 깊이도 대단하다.

그가 가진 매력은 대단했다. 그를 통해 그의 어머니 이정숙을 알게 되면서 그녀에게 푹 빠져들었다.

'나도 내 아이를 이렇게 멋지게 키워낼 수 있을까?'

그녀의 살아온 환경과 가진 생각을 보며 이분이 진짜 이 시대의 신사임당이지 싶었다. 그녀는 아이들만 훌륭히 키워낸 것이 아니다. 자신의 분야에서도 최고가 되었다. 자녀를 키워내면서도 많은 책을 썼다. 많은 강연을 하고, 회사를 세웠다. 한 여인이 몇 사람 몫을 해낸 것이다. 그것도 모두 최고의 모습으로 말이다.

그녀를 바라보는 것만으로도 행복했다. 그녀를 알게 되면서 엄마의 일이 의무가 아니라 권리로 느껴졌다. 다 큰 아들과 허물없이 친구처럼 대화를 나누면서도 엄마로서의 위엄은 잃지 않는다. 나도 먼 훗날 아들과의 이런 모습을 꿈꿔본다.

아이에게 인문고전 책장을 물려주다

그녀의 어머니는 일찍 세상을 떠나셨다. 그녀는 홀로된 아버지를 형제 중에 먼저 모시게 되었다. 결혼 상대자를 결정할 때도 이 점을 고려해야 했다. 신사임당이 떠오른다.

그녀는 당시 강원도 원주의 방송국에서 근무했다. 임신을 했다. 그녀는 먼저 서울의 청계천으로 달려간다. 중고서점에 가기 위해서다. 그녀는 매주 기차를 타고 청계천으로 달려갔다. 그녀가 아이를 위해

사 온 책들은 동화가 아니었다. 바로 딱딱한 고전이었다. 어릴 적부터 그림이 많은 화려한 책들보다 딱딱한 줄글을 읽히는 것이 책을 읽는 좋은 습관을 들이고 상상력을 길러주는 일이라 여겼다. 본인도 그렇게 자랐기에 그것이 당연했다.

그녀가 아이를 낳은 1980년대 초반, 집의 서가에 인문고전 양서를 꽂아두는 것이 유행이었다. 그녀도 질세라 여러 전집을 꽂아두었다. 사실 바빠서 읽을 시간이 많지 않았다. 의도했던 바는 아니지만 이 책은 일찌감치 조승연의 몫이 되었다. 그녀의 책장은 승연의 책장이 되었다. 그는 초등학교 4학년 때 칸트의 《순수이성비판》을 읽어 가족을 놀라게 했다. 중학생이 될 때까지 집에 있는 고전을 모두 읽었다.

이 목차를 완성하면서 나도 집에 인문고전 책장을 만들기 시작했다. 왠지 모를 희망이 솟았다. 희망은 행동하는 사람에게 있는 법이다. 내가 만든 책장이 꼭 내게만 필요한 것이 아니라 대를 물려 내 아이가 사용하게 될지 모를 일이다. 그렇게 완성된 책장 속에 고전을 한 권, 한 권 꽂아 넣었다. 아이를 위한 책장이고, 또 나를 위한 책장이다. 그간 동화책만 가득했었는데 조금씩 성경을 읽어주고, 고전을 읽어주려 노력한다.

승연의 어머니는 아이를 낳고도 일을 해야 했다. 아이들과의 놀이는 외할아버지 담당이었다. 할아버지는 놀이도 책을 통해 하셨다. 이미 책들은 어머니가 엄선하여 꽂아두었다. 환경을 다 마련해놓은 것이다. 할아버지 역시 고전을 읽어주었다. 늘 고전을 읽고 그것을 읽게 하며 놀아주었다.

이것은 훗날 두 아이의 인생에 지대한 영향을 끼친다. 형제는 연년생이다. 둘 다 같은 시간 동안 할아버지의 보살핌을 받았다.

그런데 둘째 아이 조승연은 언어지능에 더 높은 재능을 드러낸다. 이것은 우연이 아니다. 둘은 같은 시기에 할아버지로부터 고전을 접했다. 하지만 나이가 더 어렸던 승연은 형보다 더 어릴 적부터 고전에 노출됐다. 두뇌가 말랑말랑했던 어린 시기부터 고전을 접한 덕에 두뇌가 적극적으로 계발된 것이다. 미묘한 차이가 있긴 하지만 덕분에 두 아이 모두 언어 수준이 굉장히 높다. 다른 나라의 언어를 배우는 것 또한 수월하다.

아이에게 끊임없이 질문하다

조승연의 어머니 이정숙은 대단한 독서광인 아버지 밑에서 자랐다. 아버지의 책 읽는 모습은 자녀들에게 그대로 대물림되었다. 자녀교육도 남달랐다. 그는 말하기와 글쓰기를 중요시했다. 자녀들은 매일같이 하루 동안의 일을 가족 앞에서 발표해야 했다. 제대로 발표하지 않으면 저녁을 굶겼다. 그는 자신이 알고 있는 가장 귀한 것은 절대적으로 실천했다. 그 덕분인지 아이들은 모두 훌륭하게 자랐다.

이정숙의 형제자매 중 두 명은 사법고시에 합격하고 변호사가 되었다. 여동생은 대학교수이며, 그녀는 아나운서다. 모두 말하는 것과는 뗄래야 뗄 수 없는 직업들이다. 이것은 전적으로 아버지의 말하기 훈련 덕이다. 자녀들 모두 아버지의 말하기 교육 덕을 톡톡히 보았다.

그녀 역시 아이들에게 말하기를 중요시했다. 당연한 결과다. 그녀는 아이들에게 항상 질문했다. 아이들의 질문은 질문으로 답했다. 이것이 아이들의 호기심을 더욱 자극하고 생각을 깊게 한다. 그녀는 이것을 누구보다 잘 알고 있었다.

그녀의 말하기 교육은 여기서 끝나지 않는다. 몸이 약해 소리마저 힘이 없던 둘째는 목이 잘 쉬었다. 그녀는 아이의 발성을 훈련시켰다. 본인의 직업이 아나운서인 덕에 목소리를 훈련시키기가 어렵지 않았다. 아나운서 후배를 교육하던 방법으로 승연을 지도했다. 조승연의 분명한 발성과 톤은 이정숙의 지도로 만들어졌다. 그녀는 아이들의 어휘 또한 세심하게 신경 썼다. 아이들에게 백과사전을 쥐여주었다. 어휘를 쓰는 데도 정확하게 할 수 있도록 지도했다.

한번은 유튜브를 통해 조승연이 EBS 방송에 출연한 것을 보았다. '유대인의 자녀교육'을 주제로 한 교육 프로였다. 유대인 교육이 궁금해 보기 시작했다. 뒤로 갈수록 그의 말에 더 집중됐다. 말하는 것이 쓴 글을 읽듯 정리가 잘 되어 있어 이해하기가 쉬웠다. 목소리의 톤이나 말할 때의 시선을 보면 훈련된 아나운서를 보는 것 같았다.

그 뒤 그녀의 고단한 노력이 오버랩되었다. 마치 드러나지 않는 '백조의 발' 같다. 그녀와 자녀들의 모습은 우아하고 근사하다. 하지만 고단했을, 그러면서도 행복했을 그녀의 '백조의 발'이 내겐 더 우아하다.

우리말을 먼저 확실히 익히게 하다

유럽에 살다 오신 지인이 계셨다. 오랜 유럽생활을 통해 그곳의 언어에 익숙하셨고 아이들 또한 외모를 제외하곤 모국이 그곳이라 해도 믿을 정도다. 언어와 삶의 방식이 마치 그곳 아이들 같았다. 나는 아이의 다개국어에 대해 궁금했던 차였다. 아이에게 이중 언어를 가르치는 문제에 대해 여쭤보았다.

"나는 절대 반대예요. 내 아이들에게 한국 언어를 잊지 않게 해주려고 이중 언어를 진행했는데 아이들의 스트레스가 굉장했어요. 그래서 어쩔 수 없이 그곳의 언어만 사용하도록 해줬어요. 한국에 돌아와서도 쉽지 않았어요."

지인의 대답은 나를 절망으로 빠뜨렸다. 지금까지 진행한 것은 헛수고였단 말인가? 앞으로 어떻게 하지?

답답했다. 뜨거운 감자처럼 찬반론이 팽팽했다. 해도 불안, 안 해도 불안 그 자체였다. 나와 같은 고민을 하고 있는 사람이 적지 않을 거라 생각한다. 그때 이정숙 대표의 책을 들었다. 나를 위한 책인 듯했다.

그녀는 자신의 책을 통해서 다개국어를 강조했다. 이 시대를 살아가는 데 외국어는 필수라고 했다. 그런데 그녀가 외국어를 강조하면서도 더 중요하게 생각하는 것은 바로 모국어였다. 그녀는 아이들 손에 국어사전을 쥐여주었다. 단어의 뜻을 바로 알도록 했다. 정확한 어휘를 사용하도록 지도했다. 모국어의 어휘를 정확히 하고 많은 독서로 든든히 할 것을 권했다. 아이에게 다개국어를 진행하기에 앞서 모국어의 깊이와 너비를 단단히 해두고 진행해야 한다는 것이다. 이렇게 됐을 때 이중 언어 사용으로 인한 혼선과 문제를 줄일 수 있다는 것이다.

조승연을 만든 그녀의 교육은 정말이지 닮고 싶다. 무엇보다 다 자란 자녀들이 아직도 그녀를 의지하고 조언을 구하는 모습이 정말 보기에 좋았다. 그녀의 자녀교육을 통해 힌트를 얻고 적용한다면 언젠가 우리도 자녀들과 다정한 모습으로 진솔한 대화를 나누고 있지 않을까?

가난 속에서도 행복하라:
장진 감독의 어머니

영화감독 장진. 각본가이며 제작자이기도 하다. 그의 이야기는 사람들을 그냥 지나칠 수 없게 한다. 재밌고, 새롭고, 그러면서도 익숙하다. 그는 자기 일을 통해 늘 사람들과 이야기한다. 지나칠 법한 이야기들을 새로운 시선으로 바라보게 해준다. 공감을 불러일으키고, 울고 웃게 한다. 그는 정말 타고난 이야기꾼이다.

시간이 많이 흐른 지금도 기억이 선명한 그의 영화가 있다. 바로 〈동감〉이다. 두 남녀 주인공은 같은 대학에 다니지만 서로 모르는 사이다. 그들은 우연한 기회로 고물 무전기 한 대를 얻게 된다. 그러고는 서로 교신한다. 둘은 이야기를 나누며 서로에 대해 알아간다. 그들은 서로가 궁금하다. 시간과 약속 장소를 정한다. 학교 시계탑 앞에서 만나기로 한다. 여자가 먼저 와 있는데, 아무리 기다려도 상대는 나타나지 않는다. 여자는 기다리다 장대비까지 맞는다. 남자도 하염없이 그녀를 기다리고 있다. 아무리 기다려도 둘은 만날 수 없다. 무슨 일일까?

이들은 1979년과 2000년, 각자 다른 시간을 살아가고 있었다. 둘 사이에 벌어진 시간은 무려 21년이다. 이들은 둘 사이의 운명처럼 얽힌 관계들을 찾아가기 시작한다. 특별한 시간과 상황의 그들이지만 우리와 똑같은 사랑을 하고 있고 삶을 준비하며 살아간다. 어느새 나도 주인공의 마음이 되어버린다. 그녀의 고민과 함께 나의 고민도 시작된다.

두 남녀는 다시 한 번 약속 시각을 정한다. 누군가는 며칠을 기다려야 하지만 누군가는 20년의 세월을 기다려야 하는 일이다. 둘은 결국 만나게 된다. 해줄 수 있는 건 아무것도 없다. 서로를 확인하고 그저 스치듯 지나친다.

다른 시간 속 같은 공간 안에서의 사람들이 서로를 느끼고 교감한다는 내용이다. 어쩐지 늘 생각해왔던 내용처럼 익숙하고 재밌었다. 잊히지 않고 다시금 생각해보게 한다.

이 영화의 배우들을 좋아하게 되었다. 그리고 장진 감독을 알게 되었다. 이후 장진 감독의 영화들을 찾아서 봤다. 그의 영화들은 조금은 낯선 이야기들 안에 일상의 있을 법한 유머를 때에 맞춰 등장시킨다. 그것을 통해 공감하고 몰입하게 한다. 그의 영화는 재미난 스토리들로 가득했고, 영화를 보고 난 후에는 대사가 남았다. 생각할 거리들을 만들어주었다. 장진 감독의 영화는 내게 특별하게 느껴졌다.

그의 영화가 팬들에게 특별한 이유는 무엇이었을까? 나는 그의 어머니에게서 답을 찾았다. 어머니의 삶은 장진 감독에게 그대로 물들었다. 그의 세상을 보는 시선과 그만의 이야기는 근원이 바로 어머니다. 어릴 적부터 사람을 좋아하고 책을 좋아하셨던 그의 어머니로부터 시작되었다.

가난 속에서도 행복할 수 있는 삶을 알려주다

"자식에게 가장 훌륭한 것을 물려주는 건 돈 없이도 행복하게 사는 방법을 물려주는 것이거든요. 그렇게 보면 우리 어머니가 돈이 없어도 늘 행복한 모습이셨어요."

_ EBS 〈어머니 전〉, '장진' 편

그는 덤덤한 표정으로 자신의 어머니를 얘기한다. 어머니는 가진 것이 없어도, 힘든 삶을 살면서도 늘 행복하셨던 분이다. 어머니는 장진에게 돈 없이도 행복하게 사는 방법을 물려주셨다. 그것은 장진이 어떤 상황에서도 행복한 삶을 살 수 있게 해준다. 돈을 주고도 살 수 없는 재산이다. 그녀는 나누는 삶에 익숙하다. 천성적으로 사람을 좋아하는 그녀다. 나누고 베푸는 삶이 익숙하다. 그것이 즐겁다. 그녀의 베풂과 나눔은 이웃과의 연결고리가 된다. 그녀는 그것으로 이웃의 이야기를 듣고, 또 자신의 이야기를 들려준다. 그렇게 얻은 이웃의 삶의 이야기는 어머니에게 즐거움이자 삶의 동력이었다.

책과 영화를 가까이하다

그녀는 아버지의 영향으로 책을 가까이했다. 아버지는 석공이셨다. 그분은 문학을 사랑하셨다. 다섯 남매 중 유일한 딸이었고 맏이였던 어머니는 아버지의 사랑을 독차지했다. 아버지는 영화와 예술을 좋아하셨다. 자주 영화관에 가셨다. 아버지는 가족 몰래 그녀를 불러내함께 영화를 보곤 했다.

자신을 사랑해주셨던 아버지의 영향력은 컸다. 그녀는 아버지를 따라 문학과 예술을 사랑할 수밖에 없었다. 그녀의 책 읽는 습관도 아버지한테 물려받았다. 지금도 마찬가지다. 늘 다른 이의 삶에 귀 기울이셨던 장진의 어머니께 책은 운명이었다. 책은 또 다른 이야기였고, 귀 기울여야 할 또 다른 세상이었다.

> "바깥일을 계속하셨는데도 독서는 늘 하셨어요. 저희에게도 장난감이나
> 텔레비전보다는 책과 친해지게 하셨죠."
>
> _ EBS 〈어머니 전〉, '장진' 편

장진 감독의 인터뷰다. 그는 치열한 삶 속에서도 책을 놓지 않으셨던 어머니의 모습을 이어받았다. 그 역시 어머니의 서가에 꽂힌 책을 읽으며 성장했다. 그는 어머니를 사랑한다. 지금도 손을 꼭 붙잡고 다니는 모습에는 어머니를 향한 존경과 사랑이 가득 묻어 있다. 그래서인지 모자는 여러 모습이 닮았다. 다른 이에게 귀 기울이며 그 이야기에 관심을 갖는 모습도 어머니한테서 온 것이다. 그것은 장진 감독이 자신만의 영화를 만드는 힘이 되었다.

어머니의 글 쓰는 습관이 아들에게 밑천이 되다

아들이 장성하여 출가한 지금까지 그녀가 놓을 수 없는 두 가지가 있다. 그것은 바로 책과 글쓰기다. 독서와 글은 그녀에게 삶이고 즐거움이기 때문이다. 그녀는 늘 책을 읽고, 메모지에 글을 남긴다.

┊ 新사임당 자녀교육 ┊

〈낙화〉

잿빛 하늘 바람이 불고,

하얀 꽃잎 나비되어 날으다.

삼, 사일 고운 너의 모습

어느새 지고 마는구나.

오늘은 네가 참 처량하다.

...

　방송에 공개된 그녀의 시 일부다. 벚꽃 지는 모습을 보다 울적한 마음을 담았다고 한다. 그녀는 늘 글로써 자신을 표현했다.

　그녀의 이런 모습을 장진은 그대로 닮았다. 장진 감독은 군 복무를 마치고 복학을 하며 본격적으로 글을 썼다. 이야기를 좋아했고, 그래서 더욱 책 속의 삶에 빠져 있던 장진은 자신만의 이야기를 쓰기 시작했다. 그의 이야기는 곧 영화가 되었다.

"순수문학을 대하면서 웃기도 하고 울기도 하고. 혹은 인문, 사회 서적을 대하면서 이해하려고 하고. 그러면 책을 덮은 뒤에도 다른 사람의 눈물도 이해하게 되고, 분노도 이해하게 되고, 다른 사람의 외침도 듣고 싶어지고…."

_EBS 〈어머니 전〉, '장진' 편

어머니에게 이어받은 기질과 책 읽는 습관은 그가 사람을 이해하고 세상을 이해할 수 있는 통로가 되어주었다. 그는 자신이 바라본 그것을 자신만의 눈으로 이해하고 해석하며 또 다른 사람들에게 들려준다. 그 역시 세상을 향한 또 하나의 이야기 통로가 되고 있다.

　장진의 어머니를 들여다보면서 그녀의 아들이 영화감독이 된 것은 당연한 듯이 보였다. 그가 사람을 좋아하고, 인문학적인 삶을 즐긴 어머니와 함께 성장한 것은 운명이었다. 행운이었다. 어머니의 삶의 방식과 태도, 가진 문화는 끊임없는 피드백을 통해 그에게 전해졌다. 그것이 그를 만드는 토대가 되었음이 확실하다.

　이야기를 만들어내야 하고, 그것을 통해 사람들의 공감과 호응을 얻어내야 하는 일은 인문학 독서 없이는 불가능하다. 또한 그것을 먹기 좋게 포장해 전달하려면 글쓰기 훈련이 필요하다.

인문학적인 삶을 살아라:
박웅현의 어머니

청바지를 입은 한 청년이 스케이트를 타고 있다. 막힌 도로 옆을 상쾌하게 지나간다. 그의 출근길이다. 줄지어 서 있는 승용차들이 보인다. 까만 승용차의 뒷좌석 창문이 내려간다. 중년의 남성이 타고 있다. 한눈에도 그가 어떤 사람인지 가늠케 해준다.

"넥타이는 청바지보다 우월하다."

'빰 빰 빠라바바 바라빰 ~'

장면이 바뀐다. 청바지를 입은 청년은 회사의 대표 자리에 앉아 있다. 넥타이를 맨 중년의 남성이 들어온다. 고개를 돌리는 청년을 보고는 깜짝 놀란다. 넥타이를 맨 중년은 그 회사를 방문한 것이다. 둘은 동등한 위치에서 만난다.

"넥타이와 청바지는 평등하다."

광고는 신선했다. 재미있었다. 어쩐지 통쾌하기까지 했다. 이 광고는 고등학교 국어 교과서에도 실렸다.

이 광고를 만든 사람이 박웅현이다. 그의 광고는 대개 이런 식이다. 화려하거나 요란하지 않다. 하지만 광고 속에 남긴 한마디 문장은 사람을 사로잡는다. 사람들이 당연하게 생각하는 그것. 아무도 의심하지 않는 그것을 보고 박웅현은 질문을 던진다. 그의 광고는 상식을 뒤집고, 소파에 누워 광고를 보는 이들의 머리를 한 대 제대로 때린다.

광고는 뇌리에 꽂혀 되새김질된다. 곰곰이 의미를 새기게 해준다.

"차이는 인정한다. 차별엔 도전한다."

"진심이 짓는다."

"생각이 에너지다."

"사람을 향합니다."

이 카피는 모두 그의 작품이다. 광고인 박웅현은 몰라도 광고는 기억날 것이다. 그는 자신이 맡은 제품을 한 문장 안에 담아낸다. 그 한 문장을 통해 보는 이의 마음을 감동시키고 움직인다.

그의 삶은 온통 인문학으로 도배되어 있다. 그는 광고를 만들 때 제품을 포장하려고 하지 않는다. 사람을 먼저 생각한다. 사람들의 생각을 먼저 고민한다. 제품을 향한 사람들의 상식과 바람을 고민한다. 그것들을 모아 무의식적으로 흘려버리는 제품의 중요성을 다시금 떠오르게 하고 제품의 필요성을 드러낸다.

그의 광고를 보고 있노라면 감탄이 이어진다. 어떻게 이런 기가 막힌 생각을 끄집어낼 수 있을까? 머릿속에서만 머물 법한 생각들을 어떻게 15초 안에 풀어낼 수 있을까? 그것도 강렬하고 통쾌하게 말이다.

그것은 그의 삶 안에서 답을 찾을 수 있다. 그의 삶은 누군가의 억지 가르침으로 된 것이 아니다. 그것은 그의 어머니로부터였다. 어머니한테 물려받은 삶의 방식과 습관은 그에게 가장 큰 재산이 되었다.

인문학적인 삶을 대물림하다

"오늘의 나에게 가장 큰 영향을 준 사람이 누구냐고 물었을 때 망설임 없이 어머니라고 말씀을 드렸잖아요."

_EBS 〈어머니 전〉, '박웅현' 편

그의 삶에 가장 큰 영향을 미친 사람은 어머니였다. 어머니는 팔십이 조금 넘으셨다. 그 시대에 대학을 졸업한 인재다. 전쟁 전엔 교편을 잡았다. 학력과 직업 덕분이었는지도 모르겠다. 그녀는 늘 책을 가까이했다. 책, 영화, 클래식은 그녀의 삶이었다. 그녀의 삶은 자신을 돌아보고 생각할 수 있도록 자극하는 것으로 가득했다. 그녀는 인문학적인 삶을 살았다.

40년도 더 된 어머니의 인문학책들은 고스란히 박웅현의 차지가 되었다. 그는 어머니와 영화를 보고 음악을 들었다. 늘 그 시간이 기다려졌다. 어머니와 대화를 나누며 그것을 즐기는 것은 그에겐 최고의 놀이었다. 영화를 보고 클래식을 들으면 당시의 시대적 배경이 궁금했다. 역사가 궁금했다. 그의 관심과 궁금증은 책을 펴게 해주었다. 그는 어머니의 책들을 읽어나갔다. 책은 종이와 글자 그 이상이었다. 그의 말랑말랑한 상상력과 창의력을 무한 자극했다. 인문학은 상상력과 창의력 그 자체였다.

그가 광고인으로 활동하며 천재적인 능력을 드러내는 것은 바로 어린 시절부터 겹겹이 쌓아 올린 인문학의 힘이다. 그것은 그저 그의 놀이였고, 맛난 간식거리였다. 어머니가 즐거워했던 것이기에 거부감이 없었다. 친근하고 익숙했다. 그 안에서 놀고, 그것을 맛나게 먹은 것이다.

박웅현은 어릴 적부터 지적인 문화로 가득한 어머니라는 환경에 싸여 있었다. 그것은 특혜였다. 그의 어머니는 그가 자신의 삶 속에서 일을 즐기고 스스로를 발산할 수 있는 인문학이라는 유산을 물려준 것이다. 아버지의 연이은 사업 실패로 늘 가난했다. 흩어져 살아야 했

: 新사임당 자녀교육 :

던 순간도 있었다. 하지만 몸에 밴 어머니의 인문학적인 삶은 누군가 뺏어 갈 수 있는 것이 아니었다.

"그렇다면 인문학이 뭐냐. 사람에 관한 관심이고 다른 사람을 이해하는 소양이잖아요. 그게 뭔가요? 영화 아닌가요? 책 아닌가요? 음악 아닌가요? 아까 말씀드린 엄마랑 영화를 같이 보고, 이런 것들을 통해서 다른 사람들이 사는 모습들을 보면서 큰 거란 거죠. 쌍문동 구석방에서 저는 어떨 때는 이천 년을 넘어서 로마를 갔다가 또 어떨 때는 1930년대 시카고를 갔다가 머릿속에서 왔다 갔다 한 거란 거죠. 그런 것들이 사람에 대한 이해의 폭을 잡아준 거란 거죠."

_EBS 〈어머니 전〉, '박웅현' 편

어릴 적 그의 인문학 독서는 그의 광고에 큰 동력임이 틀림없다. 사람을 생각하고 본질을 생각하는 그의 광고는 보고 나면 잊히지 않는다. 그의 광고는 늘 생각하게 한다. 우리가 가진 틀에 박힌 사고를 깨고 본질을 생각하게 해준다. 곱씹어 생각하게 한다. 그것은 인문학적인 삶을 아이에게 대물림한 어머니의 힘이다.

아이 그대로를 인정하다

입시를 앞두고도 박웅현은 학교 신문을 만드느라 정신이 없다. 그가 속한 동아리 활동은 신나는 일이었다. 게다가 그는 그곳의 장이어서 온통 시간을 빼앗겼다. 성적이 차츰 떨어졌다. 당연했다. 하지만 그의 어머니는 그를 나무라지 않았다. 자식을 향한 믿음 때문이었을까?

어느 날 어머니는 웅현에게 물었다. 육군사관학교에 가보지 않겠느냐고. 그는 "아니요"라고 한마디로 답했다. 그녀는 아들의 대답을 듣고, 다시는 그 질문을 하지 않았다. 입시를 앞두고 있는 아들인데도 말이다. 그녀는 절대 한 길을 강요하지 않았다. 그리고 아이의 소질을 살릴 수 있도록 기다려주었다.

그는 대학시험에 보기 좋게 떨어졌다. 이런 상황이면 어머니들은 기다렸다는 듯 '내 그럴 줄 알았다'고 할 것이다. 아이의 실패를 족쇄 삼고 싶은 것이다. 그것을 핑계로 자신이 원하는 방향으로 끌고 가고픈 충동을 느끼는 것이다. 자신의 희생을 보상받고 싶기 때문이다.

그의 어머니는 그를 나무라거나 타이르지 않았다. 그녀가 지금껏 해온 인문학적 교육이 모두 아이의 미래와 인생을 위한 것이었다면 어땠을까? 분명 삶의 보상을 아이에게 기대했을 것이다. 하지만 그의 어머니는 아니었다. 그저 자식을 믿었다. 조금만 기다리면 큰 인물이 될 것을 믿었다는 것이 아니다. 어머니는 박웅현 그대로를 믿고 지지

240

한 것이다.

그녀가 그럴 수 있었던 것은 어머니로서 자신의 삶이 단순한 희생이 아니었기 때문이다. 자식을 키우는 일은 그녀에게 배움이었다. 인문학을 즐길 수 있었다. 자신을 찾고 성장하는 기간이었다. 그녀의 삶의 태도는 아이가 어떠한 삶을 살든 믿고 기다려줄 넉넉함을 가지게 했다. 아이의 삶 또한 내 소중한 아이의 것이기 때문이다.

아들의 재수 기간에도 그녀는 묵묵히 기다렸다. 그가 심적으로 쫓기지 않도록 마음을 편히 해주었다. 그는 좋아하는 책을 읽고 글을 쓰는 일을 여전히 지속할 수 있었다. 그녀의 기다림 덕분이었다. 웅현은 다음 해에 원하는 대학에 합격했다.

늘 배우며 산다

지금 그녀의 삶의 태도는 그녀의 나이를 가늠할 수 없게 한다. 아직도 읽고 싶은 책이 많다면서 아들과 함께 책장을 뒤적이며 읽고 싶은 책들을 얘기한다.

"어머니, 그 책은 내가 구해드릴게요."

나이 들어가는 어머니와 아들이 가족의 이야기가 아닌 책을 통해 서로를 이해하고 공감할 수 있다는 것은 참 부럽다.

그녀는 배우고 싶은 것이 많다. 늘 궁금하다. 배움에 대한 열의가 있기에 아들에게 질문하고 배우는 것에 아무 거리낌이 없다. 어머니의 배움에 대한 욕구는 자녀들에게 보이지 않는 자부심을 준다. 어머니가 배움을 갈망하고 새로운 것에 도전하는 태도는 아이의 어깨에 힘을 주는 일이다. 그녀의 삶은 하나에서 열까지 모두 웅현에게 영향을 주었다. 그녀의 삶은 그를 만들기에 충분했다.

광고인 박웅현. 그는 정해진 틀과 시스템 안에 자신을 끼워 맞추고 살아가지 않는다. 그래야 하는 직업이 아니다. 늘 일등을 해야 하는 길을 선택하지도 않았다. 그의 일은 생각하고, 창조해야 하는 일이다. 그것은 어렸을 때 읽은 위인전과 동화책만으로는 절대 나올 수 없다. 절대로. 그런 책을 비난하는 것이 아니다. 거기에 인문학을 더해야 한다는 얘기다.

인문학을 통해서 생각을 곱씹고, 양질의 소설을 통해 다른 이의 삶을 들여다보고 그들의 삶을 이해하는 과정이 필요하다. 박웅현은 어머니의 삶의 방식과 가치관, 문화를 통해 끊임없이 피드백을 주고받았다. 이것이 그를 만드는 토대가 되었다.

무에서 유를 창조해야 하는 일, 사람들의 공감과 호응을 얻어내야 하는 일이 광고인으로서 박웅현이 하는 일이다. 그의 특이점은 어려서부터 인문학을 접했다는 것이다. 전적으로 그의 어머니를 통해서였다.

당신 또한 아이를 삶에서 무언가를 창조하는 인물로 키워내고 싶지 않은가? 자신의 삶을 즐기고, 행복 속에 살아가도록 하고 싶지 않은가? 답은 당신이 먼저 인문학적인 삶을 살아내는 것이다.

예술을 가까이하라:
황준묵의 어머니

수학자 황준묵. 서울대학교 물리학과를 졸업하고 하버드대학교 대학원 이학 석사와 박사 학위를 취득했다. 2009년 호암상 과학부문 수상, 2006년 대한민국 국회 과학기술대상 수상, 2006년 제8회 대한민국 최고과학기술인상 수상 등 수상 경력도 화려하다.

그는 수학자라는 이름에 걸맞지 않게 서울대학교 물리학과를 졸업했다. 그의 화려한 업적과 경력을 보면 평생을 수학에 바친 사람도 하기 힘든 일들인데, 물리학을 졸업한 그가 해낸 것이다. 그가 궁금해졌다.

그는 예술을 사랑하신 부모님 밑에서 자랐다. 황준묵의 아버지는 가야금 명인 황병기 씨다. 어릴 적부터 책 읽는 것을 좋아해서 서점에 가면 어린이 서적 안 읽어본 것이 없을 정도였다. 그의 아버지는 서울대 법대를 졸업한 수재다. 어릴 적부터 배워온 가야금이 인연이 되어 대학을 졸업한 후 가야금학과의 교수가 됐고, 이후 가야금과 함께 인생을 살아오셨다.

그의 어머니는 여든이 넘은 지금도 현역 작가로 활동 중인 소설가 한말숙 씨다. 어머니 역시 대단한 독서광이시다. 아버지는 서울대 법대를 졸업하신 음악가에 어머니는 현역 소설가이니 아이를 발로 키워도 잘 키울 것만 같다. 하지만 아이는 절로 자라지 않는다.

어머니는 자신만의 교육 철학을 가지고 아이를 키워냈다. 그녀의 교육법을 들여다보면서 입이 벌어졌다. 자녀교육에서 아이를 존중하고 인정하는 태도, 틀에 묶어두지 않으려는 자유로움은 시대를 훌쩍 앞서 있었다. 오히려 자녀교육에서마저 유행을 좇는 이 시대의 어머니들이 더 보수적인 것이 아닌가 하는 생각이 들었다.

아이가 원하는 것을 해주는 것, 교육적 환경만을 조성해주고 방목하는 일이 가장 쉬운 듯 보이지만 왜 그리 어려운지. 그녀를 보면서 아이를 존중하는 교육의 필요성을 더욱 뼈저리게 느꼈다. 엄마의 교육적 태도와 환경이 아이의 인생에 얼마나 큰 영향을 미칠 수 있는지, 아이 인생의 크기를 얼마나 좌우하는 일인지를 깊이 알았다. 하지만 그것이 절대 부담이 되거나 고통스러워 보이지 않았다. 누구보다 행복해 보였다.

어머니는 어릴 적부터 자유로운 분이셨다. 그녀는 시키는 대로 정해진 대로 하는 것이 힘들었다. 자신이 원하고 궁금한 것을 먼저 찾았다. 그녀는 학교에서 하지 말라는 것을 더 했다고 웃으며 고백한다. 그녀는 스스로 정해진 틀 안에 가두며 그곳에 맞추기 위해 사는 삶의 방식을 거부했다. 그것은 지금의 삶의 방식이기도 하다.

그녀는 소설가이지만 소설을 잘 쓰기 위한 강연을 들어본 적이 없다. 그런 강연을 듣고 나면 그 안에 소설을 끼워 맞추려고 할 것이다. 그러면 소설에 자유로움이 없어지고 형식과 틀 안에 존재하게 돼 매력이 없어질 것이다. 이것이 지금도 그녀를 현역으로 머무르게 하는 작가로서의 소신이다.

아이에게 예술은 상상의 밑천이 된다

황준묵은 자유로운 어머니 밑에서 예술적 감성을 마음껏 키우며 성장할 수 있었다. 그의 집에서는 늘 아버지의 가야금 소리가 흘러나왔다. 밤에 들려오는 가야금 소리는 그의 삶의 풍경이고 배경이었다. 바람 소리, 새소리처럼 늘 그의 곁에 머물렀다.

그가 어린 시절 자주 읽던 책은 두꺼운 명화집이었다. 그림을 보고 또 보았다. 그래서인지 그는 그림도 잘 그렸다. 초등학교 시절 그의 그림은 선이 굵고 시원하다. 색감의 대비도 분명하다. 그림 실력이 대단했다. 그가 좋아했던 음악과 그림들은 어린 시절 그의 상상력을 키워주었다.

수학은 상상의 학문이라는 것을 황준묵을 통해 알게 되었다. 수학은 그저 문제풀이라고 생각했는데 말이다.

"세상에 아무도 못 풀고 있는 문제를 풀어야 하는데, 그건 누구한테 물어볼 수 있는 것도 아니고 책에 나와 있지도 않아요. 오로지 자기가 만들어내야 하는 거예요. 어떻게 만드느냐면 오로지 머릿속에서 만들 수밖에 없어요. 100% 상상력 없이는 풀 수가 없어요. 그런 의미에서 상상력이 굉장히 중요한 겁니다."

그의 말이다. 수학은 그저 공식을 암기하고, 머리와 손으로 하는 노동이라고 생각했다. 그런데 수학은 노동이 아니었다. 수학은 상상의 예술이었다. 머릿속으로 문제를 생각하고 상상하며 공식을 만들어내는 예술이었다. 어린 시절부터 음악을 들으며 도화지에 세상을 그려냈던 그의 작은 훈련들이 쌓이고 쌓여 상상의 밑천이 되어준다.

어머니가 책을 읽으면 아이는 따라 읽는다

어머니는 독서광이셨다. 늘 책과 함께한 그녀의 삶을 아들 준묵이 지켜보고 있었다. 어머니의 책 읽으라는 강요 때문이 아니라 그는 자신이 본 대로 따라 했다.

"부모가 책을 읽으면 애들도 책을 읽는 줄 압니다. 부모가 밥을 먹으면 자기도 먹는 걸로 아는 것처럼…"

그녀는 자신이 책을 읽으면 아이 또한 책을 읽으리라는 걸 알았다. 그것이 그녀의 지혜였다.

덕분에 황준묵은 책을 즐겨 읽었다. 그는 특히 소설을 좋아했다. 구석구석 소설을 탐독할 때면 작가의 속을 훤히 들여다보는 것 같았다. 다른 사람의 마음까지도 들여다보는 듯했다. 영화나 TV보다도 유난히 책을 좋아했다. 그는 책 읽는 습관을 통해 사물을 보는 새로운 시선을 배우게 되었다.

그의 인문학적인 상상력 또한 수학자로서의 그의 역량을 더욱 빛나게 한다. 아이들이 보는 곳에서 늘 책을 읽고, 아이들에 늘 책을 선물하셨던 보이지 않는 어머니의 노력 덕분이다.

어머니의 글쓰기 노트, 아들의 수학 노트로 이어지다

어머니는 늘 책을 읽고 글을 쓰셨다. 일상을 기록하는 것은 그녀의 습관이었다. 그녀의 일상들은 하나씩 모여 한 권의 책이 되어 나온다.

지금도 소설가로서 활동하고 있는 그녀만의 가장 큰 자산이다. 그녀의 글쓰기는 그의 아들에게도 이어졌다. 그는 어머니를 따라 글 쓰는 것을 즐겼다. 스스로 책을 써보기도 했다. 고등학교 시절 늘 어머니에게 했던 말이 있다. 대학에 들어가면 꼭 탐정소설을 쓰겠노라고.

그의 글쓰기 습관은 수학의 기록으로 이어졌다. 그는 자신만의 언어로 그의 일상을 기록한다. 모두 수학 난제와 상상하는 것들을 그대로 적어둔 것이다. 책장은 그의 수학 노트로 빼곡히 채워져 있다. 자신이 남긴 수학적 기록들로 새로운 공식을 발견하고 난제들을 풀 때 언제든 꺼내 쓸 수 있다. 그의 노트는 또 다른 공식을 만들고 미해결 난제를 풀어내기 위한 준비이기도 하다.

아이 그대로를 인정하는 것은 아이의 인생을 열어주는 것이다

대학교 3학년 2학기가 되어서야 준묵은 진로를 바꾸었다. 쉽지 않은 결정이었다. 어머니들은 인생의 허비를 계산하기에 다른 아이들보다 뒤처지는 데 대한 걱정이 앞서기 마련이다. 하지만 준묵의 어머니는 달랐다. 그녀는 아들에게 하고 싶은 것을 하라고 했다. 말만 그렇게 하고 한숨 쉬며 아쉬운 눈빛을 전달하지도 않았다. 정말 마음도 그랬다. 아이는 진정으로 하고 싶은 것을 할 때 최고의 능력을 발휘한다. 그녀는 그것을 알고 있었다. 바로 그녀 자신이 그렇게 살아왔기 때문이다.

그는 늦은 나이에 진로를 결정했다. 어머니의 조언, 어머니가 주신 용기 덕분이었다. 아쉬움도 후회도 없었다. 그저 즐거웠다. 진로를 결정하고 학교를 졸업할 때까지 그는 인생을 남들보다 두 배로 살아야 했다. 어떤 의무도 아니었다. 스스로 즐거이 한 일이었다.

만약 그의 어머니가 조금이라도 아들을 말렸다면, 아이의 인생을 미리 결정하고 틀에 맞추려 했다면 지금의 황준묵이 존재할 수 있을까? 아마 아닐 것이다. 당신 또한 아이를 위한 교육에 소신을 가져라. 좀 더 허용적인 태도로 아이를 믿고 기다려주어라. 훗날 당신의 아이는 자신만의 최고의 모습을 보여줄 것이다.

참고자료 :

《7번 읽기 공부법》, 야마구치 마유(류두진 옮김), 위즈덤하우스

《80일간의 세계 일주》, 김도형, 디지털북스

《나쁜 뇌를 써라》, 강동화, 위즈덤하우스

《당신의 아이는 원래 천재다》, 이지성, 국일미디어

《독서국민의 탄생》, 나가미네 시게토시(다지마 데쓰오·송태욱 옮김), 푸른
역사

《리딩으로 리드하라》, 이지성, 차이정원

《말씀 우선 자녀교육》, 이영희, 규장

《몰입》, 황농문, 알에이치코리아

《사임당 평전》, 유정은, 리베르

《산골 소년 영화만 보고 영어 박사 되다》, 나기업, 좋은인상

《생각하는 인문학》, 이지성, 차이

《세계 명문가의 독서교육》, 최효찬, 예담friend

《세인트존스의 고전 100권 공부법》, 조한별, 바다출판사

《아이에게 읽기를 가르치는 방법》, 글렌 도만·자넷 도만(이주혜 옮김), 비츠
교육

《양길엄마처럼 자기 주도적인 아이로 키워라》, 방숙희, 푸른육아

《엄마 마음 내려놓기》, 주견자, 두란노

《영원한 달빛 신사임당》, 안영, 위즈앤비즈

《율곡 평전》, 한영우, 민음사

《율곡의 공부》, 송석구·김장경, 아템포

《조승연의 영어공부기술》, 조승연, 한솔수북

《조승연처럼 7개 국어 하는 아이로 키우는 법》, 이정숙, 한솔수북

《칼 비테 영재 교육법》, 기무라 큐이치(임주리 옮김), 푸른육아

《하루 나이 독서》, 이상화, 푸른육아

《희망의 인문학》, 얼 쇼리스(고병헌·이병곤·임정아 공역), 이매진

〈어머니 전〉, EBS 다큐멘터리 프로그램